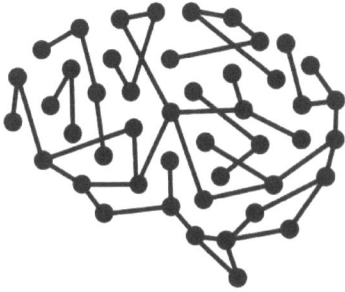

KISP
Prof. Kunow + Partner

Annette Kunow

Numerische Dynamik

Übungen

Theoretische Grundlagen - Praxisbeispiele

Numerische Modellbildung

COPYRIGHT © 2019

NAME: Annette Kunow

ADRESSE: Baumhofstr. 39 d, 44799 Bochum

Web: www.kisp.de

E-Mail: info@kisp.de

Tel: 02349730006

Illustration: Annette Kunow

ISBN Nummer: 978-3-96695-002-2

Vorwort

Die Numerische Dynamik ist ein bedeutender Bestandteil der Ingenieurausbildung. Sie vermittelt die physikalischen Zusammenhänge, um Konstruktionen unter bewegten Belastungen zu dimensionieren.

Im Buch Numerische Dynamik - 2. Kapitel werden zunächst die Grundlagen betrachtet. Diese Grundlagen sind aus der Technischen Mechanik III – Dynamik/ Kinetik – bekannt. Deshalb werden sie hier sehr kurz gehalten.

In den folgenden Kapiteln wird das Prinzip der dynamischen Berechnung anhand des Einmassenschwingers, des Systems mit zwei Freiheitsgraden und des Mehrmassensystems hergeleitet.

Danach wird die dynamische Berechnung für das Kontinuum, ein Balkensystem, gezeigt.

Hier in den „Numerische Dynamik Übungen" werden die zu den Aufgaben in Numerischer Dynamik gehörigen Lösungen ausführlich und mit verschiedenen Lösungsvarianten dargestellt. Online als Bonus stehen die dazugehörigen Eingabedaten für die Programme EXCEL und MATLAB zur Verfügung.

Dieses Buch entstand aus dem Skript der Vorlesung Numerische Dynamik, die ich seit 1989 kontinuierlich an der Hochschule Bochum im Fachbereich Mechatronik und Maschinenbau hielt.

Bochum, im Dezember 2018

Prof. Dr.-Ing. Annette Kunow

Hier können Sie eine kostenlose Strategie-Session buchen oder schreiben Sie mir, wenn Ihnen dieses Buch gefällt und Sie Anregungen oder Fragen haben.

Hier kommen Sie zum kostenlosen Bonusmaterial zum Buch.

Besuchen Sie auch meinen Blog „Selbstführung & Produktivität". Ich helfe Ihnen, bessere Ergebnisse zu erzielen.

Inhaltsverzeichnis

AUFGABEN ZU KAPITEL 3

AUFGABE 3.1

o   Anwendung der NEWTONschen Bewegungsgleichungen in x- und y-Richtung

o   Schwingungsdifferentialgleichung mit Lösungen

Auf den Massenpunkt m wirkt eine Kraft F in Richtung auf das Zentrum Z die proportional zum Abstand r ist. Zur Zeit t=0 befindet sich die Masse im Punkt P_0 und hat dort die Geschwindigkeitskomponenten $v_x = v_0$ und $v_y = 0$

gegeben: r_0, F=k r, v_0, α

gesucht: Bestimmung der Bahnkurve x(t) und y(t), auf der sich der Massenpunkt bewegt.

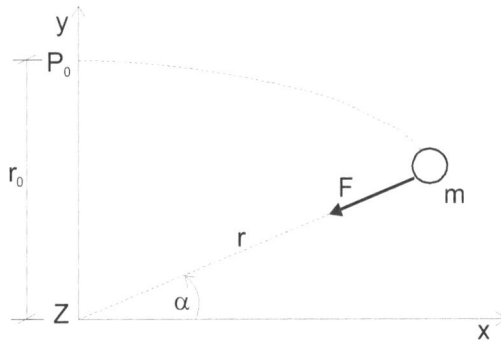

Bild 3.1.1 Massenpunkt m mit einer Kraft F in Richtung z

LÖSUNG

NEWTONsche Bewegungsgleichung

$$(3.1.1): \quad \rightarrow: \quad m\ddot{x} = -F\cos\alpha,$$

$$(3.1.2): \quad \uparrow: \quad m\ddot{y} = -F\sin\alpha,$$

mit der proportionalen Kraft

$$(3.1.3): \quad F = kr$$

und der Geometrie

$$(3.1.4): \quad \sin\alpha = \frac{y}{r}, \quad \cos\alpha = \frac{x}{r},$$

folgt mit (3.1.3) und (3.1.4) in (3.1.1)und (3.1.2)

$$(3.1.5): \quad m\ddot{x} = -kr\frac{x}{r} = -kx,$$

$$(3.1.6): \quad m\ddot{y} = -kr\frac{y}{r} = -ky,$$

mit $k^* = \dfrac{k}{m}$ folgen die Schwingungsdifferentialgleichungen

$$(3.1.7): \quad \ddot{x} + k^* x = 0,$$

$$(3.1.8): \quad \ddot{y} + k^* y = 0$$

Mit dem allgemeinen Lösungsansatz folgt für homogene Schwingungsdifferentialgleichungen für den Weg in x- und y-Richtung

$$(3.1.9): \quad x = A\sin(\sqrt{k^*}\, t) + B\cos(\sqrt{k^*}\, t),$$

$$(3.1.10): \quad y = C\sin(\sqrt{k^*}\, t) + D\cos(\sqrt{k^*}\, t),$$

mit den Geschwindigkeiten in x- und y-Richtung aus den Ableitungen

$$(3.1.11): \quad \dot{x} = \sqrt{k^*}\,(A\cos(\sqrt{k^*}\, t) - B\sin(\sqrt{k^*}\, t)),$$

$$(3.1.12): \quad \dot{y} = \sqrt{k^*}\,(A\cos(\sqrt{k^*}\, t) - B\sin(\sqrt{k^*}\, t)).$$

Mit den Anfangsbedingungen zur Bestimmung der Konstanten A, B, C und D

$$(3.1.13): \quad x(t=0)=0 \quad \Rightarrow \quad B=0,$$

$$(3.1.14): \quad \dot{x}(t=0)=v_0 \quad \Rightarrow \quad A=\frac{v_0}{\sqrt{k^*}},$$

$$(3.1.15): \quad y(t=0)=r_0 \quad \Rightarrow \quad D=r_0,$$

$$(3.1.16): \quad \dot{y}(t=0)=0 \quad \Rightarrow \quad C=0$$

lassen sich die noch nicht definierten Konstanten bestimmen

Die Lösungen der Schwingungsdifferentialgleichungen erhält man durch Einsetzen der Konstanten in die Lösungsansätze (k^* resubstituiert)

$$(3.1.17): \quad x = v_0 \sqrt{\frac{m}{k}} \sin(\sqrt{\frac{k}{m}}\, t),$$

$$(3.1.18): \quad y = r_0 \cos(\sqrt{\frac{k}{m}}\, t).$$

Die Bahnkurve durch Eliminieren von t entspricht damit der Ellipsengleichung

$$(3.1.19): \quad \frac{x^2}{v_0^2 \frac{m}{k}} + \frac{y^2}{r_0^2} = 1 = \sin^2 \sqrt{\frac{k}{m}}\, t + \cos^2 \sqrt{\frac{k}{m}}\, t.$$

AUFGABE 3.2

o Aufstellung der Impuls- und Drehimpulsgleichungen

o Vollplastischer Stoß

o Berechnung aller Geschwindigkeiten und Winkelgeschwindigkeiten nach dem Stoß

o Berechnung der maximalen Federauslenkung mit dem Energiesatz

Eine Punktmasse m_1 stößt plastisch mit der Geschwindigkeit v_0 auf einen homogenen Balken (Masse m_2, Länge l), der in A drehbar gelagert ist und bei B durch eine Feder (Federsteifigkeit c) gehalten wird.

gegeben: m_1, m_2, l, v_0, e=0, c, die Feder hat auf den Stoßvorgang keinen Einfluss

gesucht: Bestimmung der Größe der maximalen Federauslenkung x_{max}.

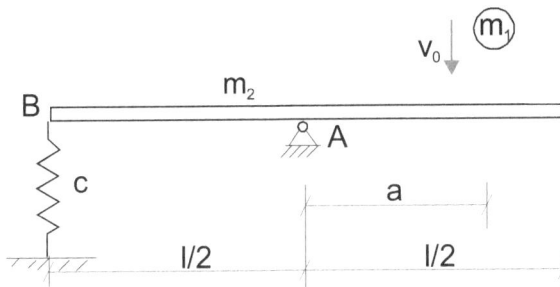

Bild 3.2.1 Punktmasse m_1 stößt plastisch auf einen homogenen Balken

LÖSUNG

Diese Aufgabe besteht aus 2 unterschiedlichen „Bewegungsabläufen"

- 1. Zuerst der Impuls: der Balken bleibt in Ruhe, der Impuls überträgt sich,

- 2. Der Balken erhält durch den Impuls eine Anfangswinkelgeschwindigkeit und folgt den NEWTONschen Bewegungsgleichungen.

1. Bewegungsablauf: Impuls

Der Impulssatz für die Masse m_1

$$(3.2.1): \quad m_1 \left(\dot{x}_n - \dot{x}_v \right) = -\hat{F},$$

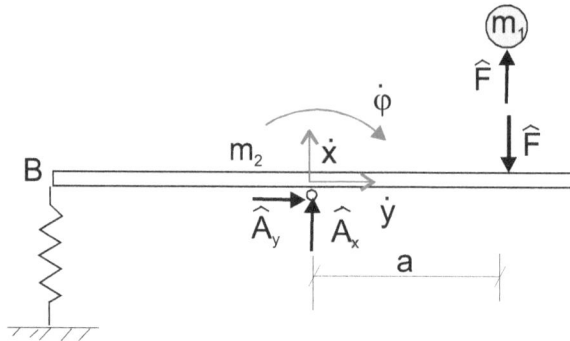

Bild 3.2.2 Stoßschnittbild

und der Drehimpulssatz für den Balken lautet, wobei die Feder auf den Stoßvorgang keinen Einfluss hat,

$$(3.2.2): \quad m_1 \, (\, \dot{x}_n - \dot{x}_v \,) = - \hat{F} + \hat{A}_x \, ,$$

$$(3.2.3): \quad \Theta_{2A} \, (\, \dot{\phi}_n - \dot{\phi}_v \,) = a\hat{F}.$$

Mit der Gleichung (3.2.2) könnte die Stoßlagerkraft $\hat{A}_x$ bestimmt werden. Zur Lösung der Bestimmung der Geschwindigkeiten nach dem Stoß wird diese Gleichung nicht benötigt.

Mit der Stoßbedingung folgt

$$(3.2.4): \quad w_2 - w_1 = - e \, (v_2 - v_1),$$

mit der Stoßzahl e $=0$ für den vollplastischen Stoß, $v_1 = \dot{x}_v = -v_0$, $v_2 = a \, \dot{\phi}_v = 0$ ergibt sich

$$(3.2.5): \quad w_1 = \dot{x}_n, \qquad w_2 = a\dot{\phi}_n.$$

Aus (3.2.2) folgt

$$(3.2.6): \quad m_1 (\dot{x}_n + v_0) = - \hat{F},$$

aus (3.2.3) mit $\Theta_{2A} = \dfrac{1}{12} m_2 \, l^2$

$$(3.2.7): \quad \dfrac{1}{12} m_2 \, l^2 \, \dot{\varphi}_n = a\hat{F}.$$

und die Kinematik durch den Drehpunkt in A

$$(3.2.8): \quad \dot{x}_n = a\dot{\varphi}_n.$$

Daraus ergibt sich die Winkelgeschwindigkeit

$$(3.2.9): \quad am_1 (a\dot{\varphi} + v_0) + \dfrac{1}{12} m_2 \, l^2 \, \dot{\varphi} = 0$$

$$\Rightarrow \dot{\varphi}_n = \dfrac{av_0}{a^2 + \dfrac{1}{12} \dfrac{m_2}{m_1} l^2}.$$

2. Bewegungsablauf durch Anfangsgeschwindigkeit $\dot{\varphi}_n$

1. LÖSUNGSMÖGLICHKEIT MIT DEM ENERGIESATZ

Der Energiesatz nach dem Stoß liefert die maximale Federauslenkung x_{max}

$$(3.2.10): \quad \dfrac{1}{2} [\Theta_{2A} + m_1 a^2] \, \dot{\varphi}_n^{\,2} = \dfrac{1}{2} c \, x_{max}^{\,2} - m_1 \, g \, \dfrac{a}{\frac{l}{2}} \, x_{max},$$

$$(3.2.11): \quad x_{max\,1,2} = \frac{2ag}{lc}\,m_1$$

$$\pm\,\frac{2ag}{lc}\sqrt{\frac{4a^2g^2}{l^2c^2}\,m_1^2 + \frac{(\Theta_2^{(A)} + m_1a^2)}{c}\,\dot{\varphi}_n^2}$$

$$\cdot\left\{1 + m_1\sqrt{1 + \frac{(\Theta_2^{(A)} + m_1a^2)\dot{\varphi}_n^2 cl^2}{4a^2g^2m_1^2}}\right\}.$$

Mit Θ_{2A} eingesetzt, folgt

$$(3.2.12): \quad x_{max\,1,2} = \frac{2\,a\,g\,m_1}{l\,c}\left(1 + \sqrt{1 + \frac{cl^2v_0^2}{4g^2m_1^2\left(a^2 + \frac{1}{12}m_2l^2\right)}}\right).$$

2. LÖSUNGSMÖGLICHKEIT MIT DEN NEWTONSCHEN BEWEGUNGSGLEICHUNGEN

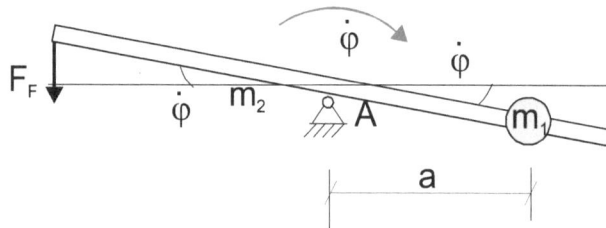

Bild 3.2.3 Schnittbild am ausgelenkten System

Die NEWTONsche Bewegungsgleichung um den Drehpunkt beschreibt den Bewegungsablauf

$$(3.2.13): \quad \Theta_{2A}\,\ddot{\varphi} = \left(-F_F\,\frac{l}{2} + m_1ga\right)\cos\varphi,$$

Mit den Massenträgheitsmoment nun mit der Masse m_1

$$(3.2.14): \quad \Theta_{2A} = \frac{1}{12} m_2 \, l^2 + m_1 a^2$$

und dem Federgesetz und der Linearisierung für kleine Ausschläge
$\sin\varphi \approx \varphi, \quad \cos\varphi \approx 1$

$$(3.2.15): \quad F_F = c \, x = c \, \varphi \, \frac{l}{2}$$

ergibt sich die inhomogene Schwingungsdifferentialgleichung

$$(3.2.16): \quad (\frac{1}{12} m_2 \, l^2 + m_1 a^2) \, \ddot{\varphi} + c \, \varphi \, \frac{l}{2} \frac{l}{2} = m_1 \, g \, a$$

$$\Rightarrow \quad \ddot{\varphi} + \frac{c \, \frac{l^2}{4}}{\frac{1}{12} m_2 \, l^2 + m_1 a^2} \, \varphi = \frac{m_1}{\frac{1}{12} m_2 \, l^2 + m_1 a^2} \, g \, a.$$

$$\Rightarrow \quad \ddot{\varphi} + \omega^2 \varphi = \frac{m_1 \, g \, a}{\Theta_{2A}}.$$

Die Lösung der Gleichung setzt sich aus der Lösung der homogenen und der inhomogenen Differentialgleichung zusammen

$$(3.2.17): \quad \varphi_{ges} = \varphi_{hom} + \varphi_{part}.$$

Die Lösung der homogenen Differentialgleichung lautet

$$(3.2.18): \quad \varphi_{hom} = A \cos\omega t + B \sin\omega t$$

mit der Eigenkreisfrequenz

$$(3.2.19): \quad \omega^2 = \frac{c \, \dfrac{l^2}{4}}{\Theta_{2A}} \, .$$

Die Lösung der homogenen Differentialgleichung wird durch den Ansatz „vom Typ der rechten Seite" bestimmt

$$(3.2.20): \quad \varphi_{part} = C \quad \Rightarrow \quad \ddot{\varphi}_{part} = 0.$$

In (3.2.16) eingesetzt, folgt

$$(3.2.21): \quad \omega^2 C = \frac{m_1 \, g \, a}{\Theta_{2A}} \quad \Rightarrow \quad C = \frac{m_1 \, g \, a}{\Theta_{2A} \, \omega^2} \, .$$

Die Konstanten A und B werden mit Hilfe der Anfangsbedingungen in der Gesamtlösung bestimmt. Die Anfangsbedingungen sind die Winkel $\varphi(0) = 0$ und die Winkelgeschwindigkeit $\dot{\varphi}(0) = \dot{\varphi}_n = \dot{\varphi}_0$ des Balkens.

$$(3.2.22): \quad \varphi_{ges} = A \cos\omega t + B \sin\omega t + \frac{m_1 \, g \, a}{\Theta_{2A} \, \omega^2} \, ,$$

$$\dot{\varphi}_{ges} = -\omega(A \sin\omega t - B \cos\omega t).$$

$$(3.2.23): \quad \varphi_{ges}(0) = 0 = A + \frac{m_1 \, g \, a}{\Theta_{2A} \, \omega^2} \quad \Rightarrow \quad A = -\frac{m_1 \, g \, a}{\Theta_{2A} \, \omega^2} \, ,$$

$$\dot{\varphi}_{ges}(0) = \dot{\varphi}_0 = \omega B \qquad \Rightarrow \quad B = \frac{\dot{\varphi}_0}{\omega} \, .$$

Damit lautet die Gesamtlösung der Schwingungsdifferentialgleichung

$$(3.2.24): \quad \varphi_{ges} = \frac{m_1 \, g \, a}{\Theta_{2A} \, \omega^2}(1 - \cos\omega t) + \frac{\dot\varphi_0}{\omega}\sin\omega t,$$

$$\dot\varphi_{ges} = \frac{m_1 \, g \, a}{\Theta_{2A} \, \omega}\sin\omega t + \dot\varphi_0 \, \cos\omega t.$$

Die Bedingung für x_{max} ist, dass die Geschwindigkeit des Balkens am Umkehrpunkt ist, also gerade Null wird

$$(3.2.25): \quad \dot\varphi_{ges}(t_1) = 0 = \frac{m_1 \, g \, a}{\Theta_{2A} \, \omega}\sin\omega t_1 + \dot\varphi_0 \, \cos\omega t_1$$

$$\Rightarrow \quad \tan\omega t_1 = -\frac{\dot\varphi_0 \Theta_{2A}\omega}{m_1 \, g \, a}$$

$$\Rightarrow \quad t_1 = \frac{1}{\omega}\arctan\left(-\frac{\dot\varphi_0 \Theta_{2A}\omega}{m_1 \, g \, a}\right).$$

Mit $\alpha = -\dfrac{\dot\varphi_0 \Theta_{2A}\omega}{m_1 \, g \, a}$ und

$$(3.2.26): \quad \arctan\alpha = \alpha - \frac{1}{3}\alpha^3 + \frac{1}{5}\alpha^5 - \frac{1}{7}\alpha^7 + ...$$

müssten der 1. und 2. Fall für t_1 untersucht werden, um heraus zu finden, welches das absolute Maximum des unsymmetrisch belasteten Balkens ist.

Hier reicht der 1. Fall

$$(3.2.27): \quad x_{max} = \varphi_{ges}(t_1)\frac{l}{2}$$

$$= \frac{l}{2}\left(\frac{m_1\,g\,a}{\Theta_{2A}\,\omega^2}(1-\cos\omega t_1) + \frac{\dot{\varphi}_n}{\omega}\sin\omega t_1\right).$$

AUFGABE 3.3

o Bestimmung der Eigenkreisfrequenzen verschiedener Einmassenschwinger

Es sind verschiedene Masse-Feder-Systeme (Masse m, Federsteifigkeit c, beziehungsweise c_1, c_2) gegeben.

gegeben: m, c, l, EI, c_1, c_2

gesucht: Bestimmung der Eigenkreisfrequenzen ω

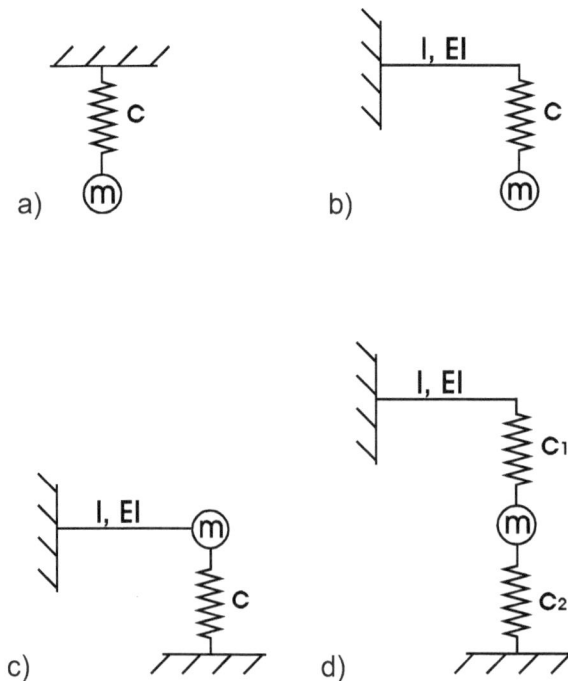

Bild 3.3.1 Masse-Feder-Systeme

LÖSUNG

Alle vier Systeme können durch ein Feder-Masse-System mit der Ersatzfedersteifigkeit c_{ers} ersetzt werden:

Fall a (Bild 3.3.1**)**

Die Ersatzfedersteifigkeit ist gleich der Federsteifigkeit

$$(3.3.1): \quad c_{ers} = c.$$

Damit ergibt sich die Eigenkreisfrequenz

$$(3.3.2): \quad \omega = \sqrt{\frac{c_{ers}}{m}} = \sqrt{\frac{c}{m}}.$$

Fall b (Bild 3.3.2**)**

Das System lässt sich als Ein-Masse-Feder-Systeme (Bild 3.3.2) darstellen.

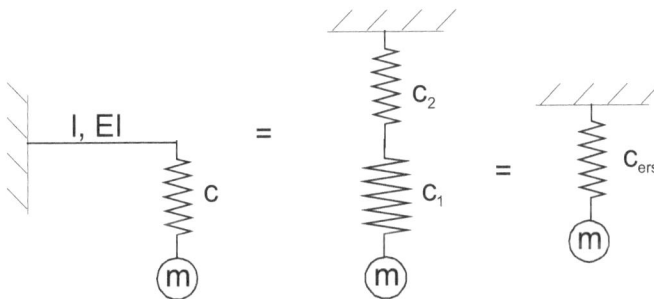

Bild 3.3.2 Ein-Masse-Feder-Systeme

Die Ersatzfedersteifigkeit entsteht aus der Hintereinanderschaltung von 2 Federn bei gleichen Federkräften

$$(3.3.3): \quad c_1 = c, \qquad c_2 = \frac{3EI}{I^3} \quad \Rightarrow \quad \frac{1}{c_{ers}} = \frac{1}{c} + \frac{I^3}{3EI}.$$

Damit ergibt sich die Eigenkreisfrequenz

$$(3.3.4): \quad \omega = \sqrt{\frac{1}{m\left(\dfrac{1}{c} + \dfrac{I^3}{3EI}\right)}}.$$

Fall c (Bild 3.3.3)

Das System lässt sich als Ein-Masse-Feder-Systeme (Bild 3.3.3) darstellen.

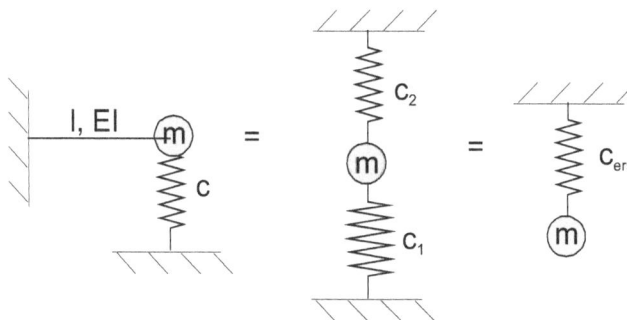

Bild 3.3.3 Ein-Masse-Feder-Systeme

Die Ersatzsteifigkeit entsteht aus der Parallelschaltung aus 2 Federn bei gleichen Federauslenkungen

$$(3.3.5): \quad c_1 = c, \qquad c_2 = \frac{3EI}{I^3} \quad \Rightarrow \quad c_{ers} = c + \frac{3EI}{I^3}.$$

Damit ergibt sich die Eigenkreisfrequenz

$$(3.3.6): \quad \omega = \sqrt{\dfrac{c + \dfrac{3EI}{l^3}}{m}} \, .$$

Fall d (Bild 3.3.4)

Das System lässt sich als Ein-Masse-Feder-Systeme (Bild 3.3.4) dar-stellen.

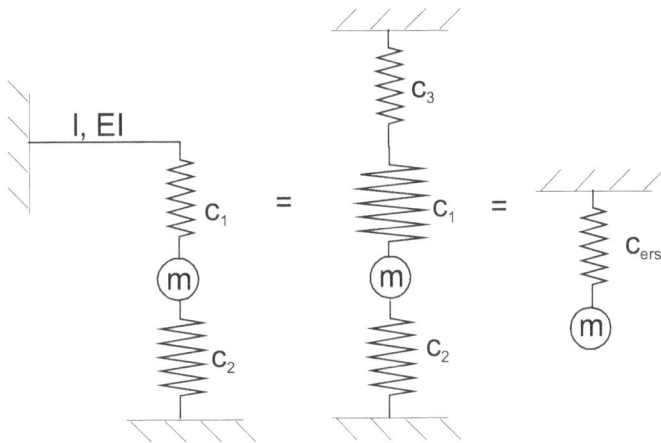

Bild 3.3.4 Ein-Masse-Feder-Systeme

Die Ersatzfedersteifigkeit entsteht aus der Hintereinanderschaltung von 2 Federn bei gleichen Federkräften und aus der Parallelschaltung aus 2 Federn bei gleichen Federauslenkungen

$$(3.3.7): \quad c_1 = c_1, c_2 = c_2, \qquad c_3 = \dfrac{3EI}{l^3}$$

$$\Rightarrow \quad c_{ers} = c_2 + \dfrac{1}{\dfrac{1}{c_1} + \dfrac{l^3}{3EI}} \, .$$

Damit ergibt sich die Eigenkreisfrequenz

$$(3.3.8): \quad \omega = \sqrt{\dfrac{\dfrac{1}{\dfrac{1}{c_1} + \dfrac{l^3}{3EI}} + c_2}{m}}.$$

AUFGABE 3.4

o   Bestimmung der Schwingungsdauer eines masselosen Balkens
   mit einer Einzelmasse

Ein elastischer, gewichtsloser Balken, der auf zwei Federn (Federsteifigkeit c) gelagert ist, trägt in P eine Punktmasse m.

gegeben: l, c, E I, m

gesucht: Bestimmung der Schwingungsdauer T des Systems

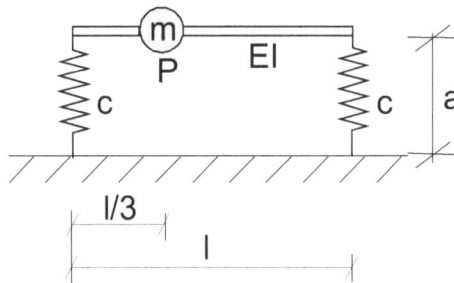

Bild 3.4.1 Elastischer, gewichtsloser Balken auf zwei Federn

LÖSUNG

Die Eigenkreisfrequenz ω wird über die Ersatzsteifigkeit c_{ers} des Systems bestimmt. Dazu wird die Durchbiegung in P mit Hilfe des Arbeitssatzes berechnet.

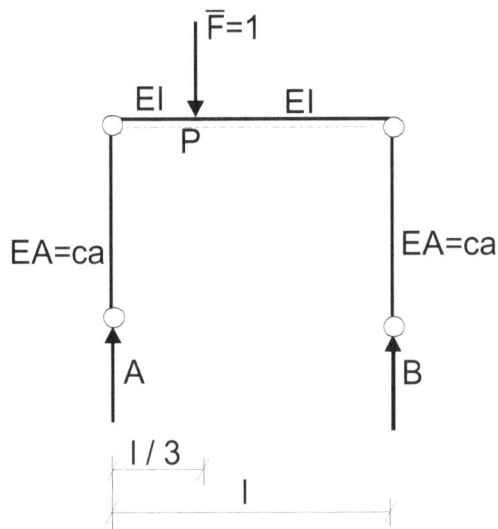

Bild 3.4.2 Schnittbild des belasteten Systems

Aus den Gleichgewichtsbedingungen ergibt sich

$$(3.4.1): \quad A \curvearrowright : \quad -1\frac{l}{3} + Bl = 0 \quad \Rightarrow \quad B = \frac{1}{3},$$

$$(3.4.2): \quad \uparrow: \quad A + B - 1 = 0 \quad \Rightarrow \quad A = \frac{2}{3},$$

Die Verschiebung des Punktes P aus dem elastischen Anteil der Balkenbiegung und den dehnweichen Stäben mit der Koppeltafel (Technische Mechanik II[1]) ist

---

[1] Kunow, Technische Mechanik I-III, Grundlagen und vollständig gerechnete Übungsaufgaben, BoD

(https://www.amazon.de/s/ref=nb_sb_noss_2?__mk_de_DE=%C3%8

$$(3.4.3): \quad f_{Pv} = \int M\overline{M}\frac{dx}{EI} + \int N\overline{N}\frac{dx}{Ea}$$

$$= \frac{1}{3}(\frac{2}{9}l)^2\left(\frac{l}{3EI} + \frac{2l}{3EI}\right) + (\frac{1}{3})^2\frac{a}{EA} + (\frac{2}{3})^2\frac{a}{EA}$$

$$= \frac{4}{243}\frac{l^3}{EI} + \frac{5}{9}\frac{1}{c}.$$

⊕ 2l/9

Bild 3.4.3 Momentenverlauf M, $\overline{M}$

Damit ist die Ersatzfedersteifigkeit des Systems

$$(3.4.4): \quad c_{ers} = \frac{1}{f_{Pv}} = \frac{1}{\dfrac{5}{9}\dfrac{1}{c} + \dfrac{4}{243}\dfrac{l^3}{EI}}.$$

Damit folgt die Eigenkreisfrequenz

$$(3.4.5): \quad \omega^2 = \frac{c_{ers}}{m} = \frac{1}{m\,f_{Pv}}.$$

Dann ist die Schwingungsdauer

$$(3.4.6): \quad T = \frac{2\pi}{\omega} = 2\pi\sqrt{m\, f_{Pv}} = 2\pi\sqrt{m(\frac{5}{9}\frac{1}{c} + \frac{4}{243}\frac{l^3}{EI})}.$$

AUFGABE 3.5

o Bestimmung der Ersatzfedersteifigkeit eines Stabwerks

o Bestimmung der Eigenkreisfrequenz eines Stabwerks

Für das skizzierte System muss die Eigenkreisfrequenz ω so bestimmt werden, dass sie so niedrig wie möglich wird. Der Balken sei dehnstarr und masselos.

gegeben: EA, EI, l, m

gesucht: Bestimmung der Ersatzfedersteifigkeit c, der Eigenkreisfrequenz ω und dem Einfluss des Stabwerks auf die Ersatzfedersteifigkeit c_{ers} des Gesamtsystems.

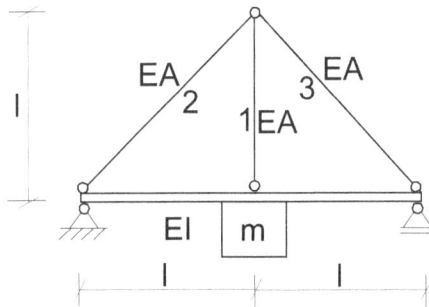

Bild 3.5.1 Dehnstarrer, masseloser Balken mit Einzelmasse

LÖSUNG

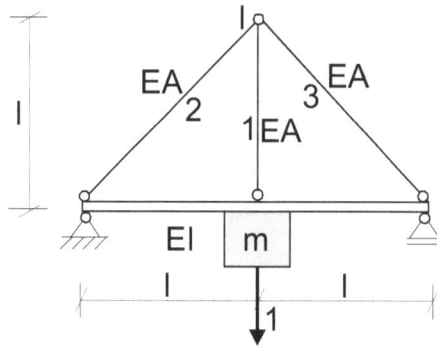

Bild 3.5.2 Statisch unbestimmtes Originalsystem

Das System schwingt um die statische Ruhelage. Deshalb wird das Gewicht G=m g für die Berechnung der Eigenkreisfrequenz $\omega = \dfrac{c_{ers}}{m}$ nicht berücksichtigt.

Über die Durchbiegung des Gesamtsystems f unter der Kraft 1 wird die Ersatzfedersteifigkeit $c_{ers} = \dfrac{1}{f}$ des Systems berechnet. Dazu wird in der Richtung, in der die Steifigkeit gesucht wird, und an der Stelle, an der die Steifigkeit gesucht wird, eine Kraft 1 angebracht.

Das System ist statisch unbestimmt. Deshalb wird das System in ein statisch bestimmtes "0"-System und ein "1"-System aufgeteilt.

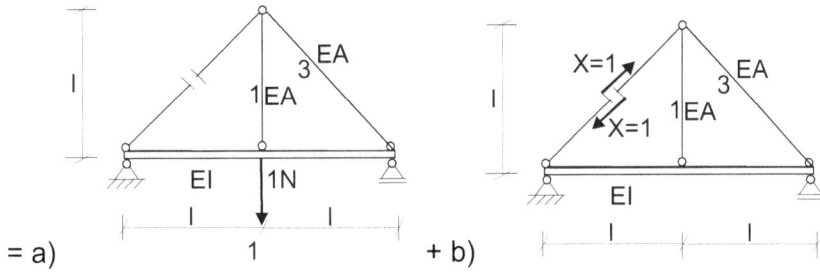

Bild 3.5.3 a) statisch bestimmtes System mit der Belastung F, "0"-System; b) statisch bestimmtes System mit der statisch Überzähligen X=1, "1"-System

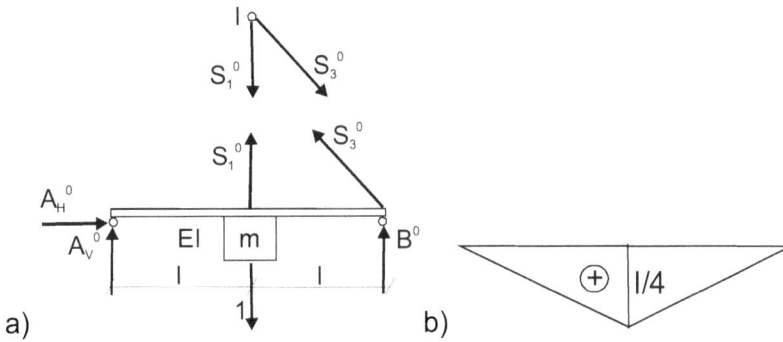

Bild 3.5.4 "0"-System; a) Schnittbild; b) Momentenverlauf M^0 unter der Last 1

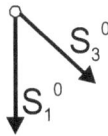

Bild 3.5.5 Stabkräfte am Knoten I

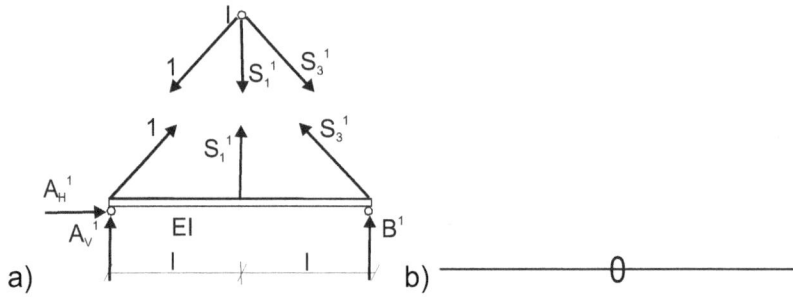

Bild 3.5.6 "1"-System, a) Schnittbild; b) Momentenverlauf M^1 infolge der statisch Überzähligen (wird zu Null)

(3.5.1): $\quad S_1^0 = 0, \qquad S_2^0 = 0, \qquad S_3^0 = 0.$

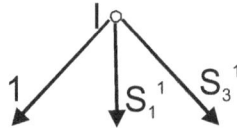

Bild 3.5.7 Stabkräfte am Knoten I

(3.5.2): $\quad S_1^1 = -\sqrt{2}, \qquad S_2^1 = 1, \qquad S_3^1 = 1.$

Die Statisch-Überzählige wird aus den Verformungen am "0"-System

(3.5.3): $\quad \delta_{10} = \sum S_i^0 \, S_i^1 \, \dfrac{l_i}{EA_i} + \int \dfrac{M^1 M^0}{EI} dx = 0,$

und am "1"-System bestimmt

$(3.5.4):\quad \delta_{11} = \sum (S_i^1)^2 \frac{l_i}{EA_i} + \int \frac{(M^1)^2}{EI} dx$

$$= \frac{1}{EA}(2 \ 1 \ 2 \ l^2 + 2 \ l^2) + 0 = \frac{1}{EA} 6 \ l^2 \ ,$$

$(3.5.5):\quad X = -\dfrac{\delta_{10}}{\delta_{11}} = 0.$

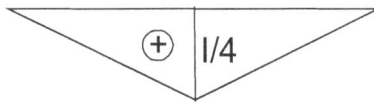

Bild 3.5.8 Momentenverlauf M des Gesamtsystems

Die Stabkräfte des Gesamtsystems ergeben sich zu

$(3.5.6):\quad S_1 = 0, \qquad S_2 = 0, \qquad S_3 = 0.$

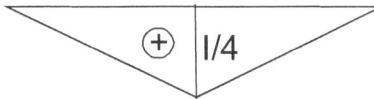

Bild 3.5.9 Momentenverlauf $\overline{M}_0$ im reduzierten System ("0"-System)

Die Stabkräfte im reduzierten System sind

$(3.5.7):\quad \overline{S}_1^{\ 0} = 0, \qquad \overline{S}_2^{\ 0} = 0, \qquad \overline{S}_3^{\ 0} = 0.$

Die Durchbiegung ergibt sich zu

$$(3.5.8): \quad f = \int \frac{\overline{M}_0 M}{EI} dx + \sum \overline{S}_i^0 S_i \frac{l_i}{EA_i} = 0 + 2 \frac{1}{3} l \frac{1}{EI} \frac{l}{4} \frac{l}{4} = \frac{1}{EI} \frac{l^3}{24}.$$

Damit ist die Ersatzfedersteifigkeit in vertikaler Richtung

$$(3.5.9): \quad c_{ers} = \frac{1}{f}.$$

Die Eigenkreisfrequenz ist damit

$$(3.5.10): \quad \omega^2 = \frac{24\, EI}{ml^3}.$$

Das Stabwerk hat keinen Einfluss auf die Ersatzsteifigkeit in vertikaler Richtung.

Diese Lösungsmöglichkeit bietet sich immer dann an, wenn ein System kompliziert ist. Die Berechnung der Durchbiegung f kann auch numerisch erfolgen.

Mit der Ersatzfedersteifigkeit kann das System als Feder abgebildet werden.

AUFGABE 3.6

o Aufstellung der NEWTONschen Bewegungsgleichung

o Bestimmung der Ersatzfedersteifigkeit

o Bestimmung der Eigenkreisfrequenz

Eine Punktmasse m wird durch zwei Biegefedern (Länge l, Biegesteifigkeit EI_1, beziehungsweise EI_2) und eine Spiralfeder (Federsteifigkeit c) in der statischen Ruhelage gehalten.

gegeben: l, EI_1, EI_2, c, m

gesucht: Bestimmung der Eigenkreisfrequenz ω

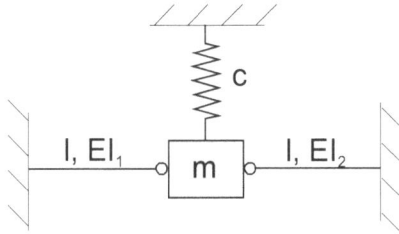

Bild 3.6.1 Punktmasse mit zwei Biegefedern und einer Spiralfeder

1. LÖSUNGSMÖGLICHKEIT DURCH BESTIMMUNG DER ERSATZFEDERSTEIFIGKEIT

Die Spiralfeder c und die beiden Blattfedern (Balken) c_1+c_2 wirken wie parallelgeschaltete Federn, da alle dieselbe Verschiebung haben.

$$(3.6.1): \quad c_{ges} = c + c_1 + c_2.$$

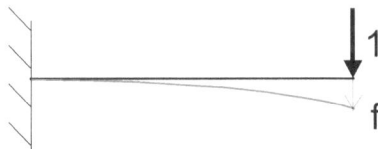

Bild 3.6.2 Belastete Blattfeder unter der Last 1

Die Durchbiegung am Lastangriffspunkt für eine Blattfeder ist

$$(3.6.2): \quad f = \frac{l^3}{3EI} 1.$$

Daraus ergibt sich die Ersatzfedersteifigkeit

$$(3.6.3): \quad c = \frac{1}{f},$$

$$(3.6.4): \quad c_{ges} = c + \frac{3EI_1}{l^3} + \frac{3EI_2}{l^3}.$$

Damit folgt die Eigenkreisfrequenz

$$(3.6.5): \quad \omega^2 = \frac{c_{ges}}{m} = \frac{1}{m}\left[c + \frac{3EI_1}{l^3} + \frac{3EI_2}{l^3}\right].$$

2. LÖSUNGSMÖGLICHKEIT DURCH SCHNEIDEN

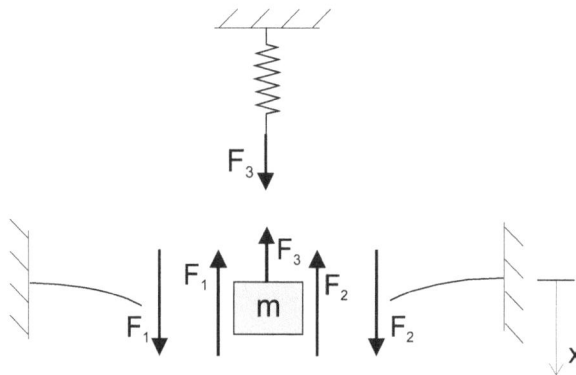

Bild 3.6.3 Schnittbild

Die Federkräfte ergeben sich aus dem Federgesetz mit Hilfe der Balkenverformung

$$(3.6.6): \quad F_1 = \frac{3EI_1}{l^3}x, \qquad F_2 = \frac{3EI_2}{l^3}x, \qquad F_3 = cx.$$

Die NEWTONsche Bewegungsgleichung lautet

$$(3.6.7): \quad m\ddot{x} = -F_1 - F_2 - F_3,$$

$$(3.6.8): \quad \ddot{x} = -\left[\frac{3EI_1}{l^3} + \frac{3EI_2}{l^3} + c\right]x\frac{1}{m} = -c_{ges}\,x\frac{1}{m},$$

$$(3.6.9): \quad \ddot{x} + \frac{c_{ges}}{m}x = 0.$$

Damit folgt die Eigenkreisfrequenz ω wie oben.

AUFGABE 3.7

o   Aufstellung der NEWTONschen Bewegungsgleichung

o   Bestimmung der Eigenkreisfrequenz

o   Lösung mit Hilfe des Energiesatzes

Ein Kolben schwingt mit kleinen Auslenkungen um die skizzierte Ruhelage.

gegeben: r, m, $\overline{c}$

gesucht: Bestimmung der Eigenkreisfrequenz ω

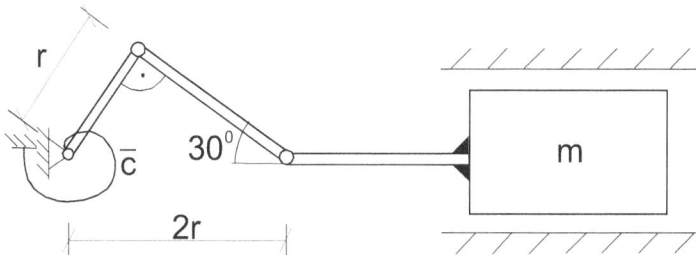

Bild 3.7.1 Kolben in seiner Ruhelage.

LÖSUNG

1. LÖSUNGSMÖGLICHKEIT MIT DER NEWTONSCHEN BEWEGUNGSGLEICHUNG

Für kleine Auslenkungen für $\varphi < 10^0$ gilt

$$(3.7.1): \quad \sin\varphi \approx \varphi.$$

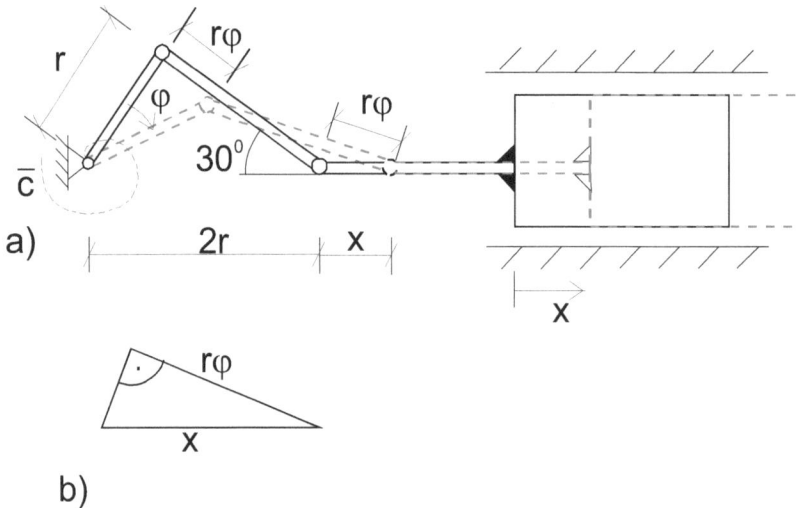

Bild 3.7.2 Kinematik; a) Bewegungsablauf der Kurbel; b) Geometrie

Aus der Geometrie ergibt sich

$$(3.7.2): \quad \cos 30^0 = \frac{r\varphi}{x}.$$

Daraus folgt der Winkel

$$(3.7.3): \quad \varphi = \frac{x}{r} \frac{\sqrt{3}}{2}.$$

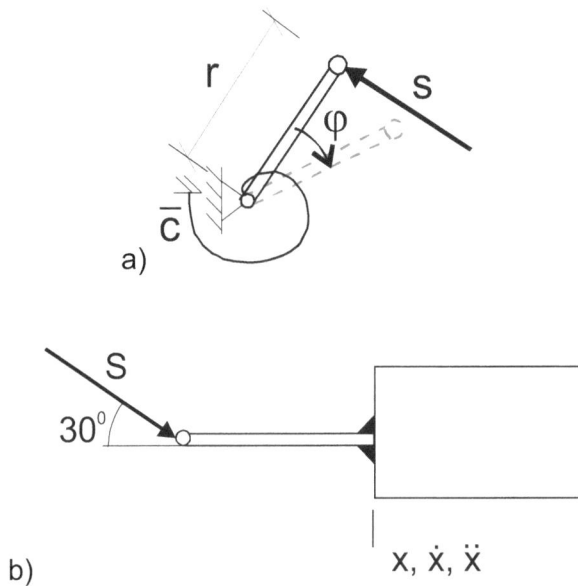

a)

b)

$x, \dot{x}, \ddot{x}$

Bild 3.7.3 Schnittbild am ausgelenkten System; a) linker Kurbelteil; b) rechter Teil mit Kolben

Aus dem Momentensatz folgt am linken Teilsystem

$$(3.7.4): \quad S\,r = \varphi \bar{c} = \varphi \frac{c}{r}.$$

Die NEWTONsche Bewegungsgleichung am rechten Teilsystem lautet

$$(3.7.5): \quad m\ddot{x} = -S \cos 30^0$$

Mit (3.7.4) folgt

$$(3.7.6): \quad m\ddot{x} + \varphi \frac{\overline{c}}{r^2} \cos 30^0 = 0.$$

Mit (3.7.3) ergibt sich die Schwingungsdifferentialgleichung

$$(3.7.7): \quad m\ddot{x} + \frac{\sqrt{3}}{2}\frac{\overline{c}}{r^2}\cos 30^0 x = m\ddot{x} + \frac{3}{4}\frac{\overline{c}}{r^2}x = 0.$$

Durch die Masse geteilt folgt

$$(3.7.8): \quad \ddot{x} + \frac{3}{4}\frac{\overline{c}}{mr^2}x = 0.$$

Damit folgt die Eigenkreisfrequenz

$$(3.7.9): \quad \omega^2 = \frac{3}{4}\frac{\overline{c}}{mr^2}.$$

2. LÖSUNGSMÖGLICHKEIT MIT DEM ENERGIESATZ

$$(3.7.10): \quad \frac{1}{2}m\dot{x}^2 + \frac{1}{2}\overline{c}\varphi^2 = \text{const.}$$

Nach Differentiation nach der Zeit folgt

$$(3.7.11): \quad m\dot{x}\ddot{x} + \overline{c}\dot{\varphi}\varphi = 0.$$

Mit der Geschwindigkeit

$$(3.7.12): \quad \dot{x} = r \, \dot{\varphi} \, \frac{2}{\sqrt{3}}$$

und mit (3.7.4) folgt

$$(3.7.13): \quad m \, \dot{x} \, \ddot{x} + \bar{c} \, \frac{\sqrt{3}}{2} \, \frac{\dot{x}}{r} \, \frac{\sqrt{3}}{2r} \, x = 0, \qquad |:(m\dot{x})$$

$$(3.7.14): \quad \ddot{x} + \frac{3}{4} \, \frac{\bar{c}}{mr^2} \, x = 0.$$

Damit folgt die Eigenkreisfrequenz ω.

AUFGABE 3.8

o Bestimmung der Schwingungsdifferentialgleichung und deren Lösung

o Bestimmung Schwingungsdauer des Systems

o Bestimmung des maximalen Auslenkwinkels für Nicht-Abheben der Zusatzmasse

Der Schwinger, bestehend aus starrem Balken (Masse m, Länge l), Feder c, Masse M und lose aufliegender Zusatzmasse ΔM, wird um den Winkel $+\varphi_0$ aus seiner statischen Ruhelage heraus ausgelenkt (für kleine Ausschläge) und zur Zeit t=0 losgelassen.

gegeben: l, m, c, M=2 m, $\Delta M = \frac{2}{3} m$

gesucht: Bestimmung der Differentialgleichung, die diese Schwingung beschreibt, und deren Lösung, der Schwingungsdauer T des Systems und des Betrags φ_{0max} des Auslenkwinkels φ_0, wenn die Zusatzmasse nicht abheben soll.

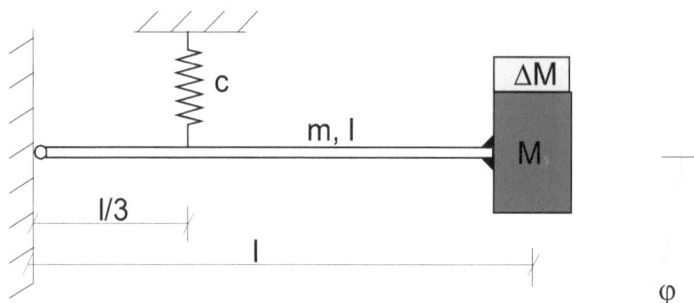

Bild 3.8.1 Schwinger aus Balken, Feder, Masse und lose aufliegender Zusatzmasse

LÖSUNG

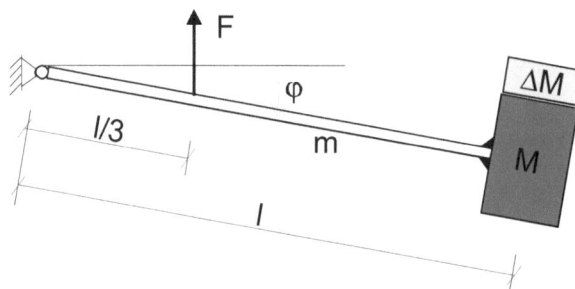

Bild 3.8.2 Schnittbild am ausgelenkten System

Für kleine Ausschläge gilt $\sin\varphi \approx \varphi$.

Die Federkraft ist

$$(3.8.1): \quad F = \frac{l}{3}c\varphi,$$

das Massenträgheitsmoment lautet

$$(3.8.2): \quad \Theta_0 = \frac{1}{3}ml^2 + (M + \Delta M)l^2 = 3\,ml^2.$$

Der Momentensatz für statische Ruhelage lautet

$$(3.8.3): \quad \Theta_0\ddot{\varphi} = -F\frac{l}{3}.$$

Daraus folgt die Schwingungsdifferentialgleichung

$$(3.8.4): \quad 3\,ml^2\,\ddot{\varphi} = -\frac{l^2}{9}c\varphi,$$

$$(3.8.5): \quad \ddot{\varphi} + \frac{c}{27m}\varphi = 0.$$

Damit folgt die Eigenkreisfrequenz

$$(3.8.6): \quad \omega^2 = \frac{c}{27m}.$$

Damit ist der Auslenkwinkel

$$(3.8.7): \quad \varphi(t) = \varphi_0\cos\omega t$$

die Lösung der Differentialgleichung.

Die Schwingungsdauer aus

$$(3.8.8): \quad T = \frac{1}{f}$$

mit der Frequenz

$$(3.8.9): \quad f = \frac{\omega}{2\pi}$$

lautet dann

$$(3.8.10): \quad T = 2\pi \sqrt{\frac{27m}{c}}.$$

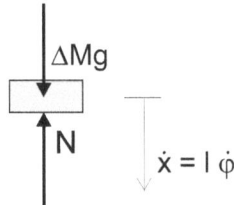

Bild 3.8.3 Schnittbild für die Zusatzmasse ΔM

Die NEWTONsche Bewegungsgleichung für die Masse ΔM lautet

$$(3.8.11): \quad \Delta M \, l \, \ddot{\varphi} = \Delta Mg - N.$$

Die Bedingung, dass die Zusatzmasse nicht abhebt, ist $N > 0$ (Bild 3.8.3)

$$(3.8.12): \quad N = \Delta M \, (g - l \, \ddot{\varphi}).$$

Mit der Winkelbeschleunigung

$$(3.8.13): \quad \ddot{\varphi} = -\varphi_0 \omega^2 \cos\omega t$$

folgt

$$(3.8.14): \quad N = \Delta M (g + l \varphi_0 \omega^2 \cos\omega t) > 0.$$

Mit (3.8.6)

$$(3.8.15): \quad \varphi_0 \frac{c}{27m} \cos\omega t < g$$

und für $\cos\omega t = 1$ folgt der maximale Auslenkwinkel

$$(3.8.16): \quad \varphi_{0max} < \frac{27gm}{c\,l}.$$

AUFGABE 3.9

o Bestimmung der Bewegungsdifferentialgleichung für kleine Ausschläge

o Bestimmung der Dämpferkonstante, wenn der Zeiger nach einer
   Anfangsauslenkung nicht mehr schwingen soll

o Falldiskussion für das LEHRsche Dämpfungsmaß

Ein dünner stabförmiger Zeiger (Länge l, Masse m) ist in O durch eine
Drehfeder (Drehfedersteifigkeit $\hat{c}$) elastisch eingespannt. In Zeiger-
mitte ist ein geschwindigkeitsproportionaler Dämpfer angeschlossen
(Dämpferkonstante r).

gegeben: m, l, r, $\hat{c}$

gesucht: Bestimmung der Bewegungsdifferentialgleichung für kleine Ausschläge, der Dämpferkonstante r, wenn der Zeiger nach einer Anfangsauslenkung nicht mehr schwingen soll.

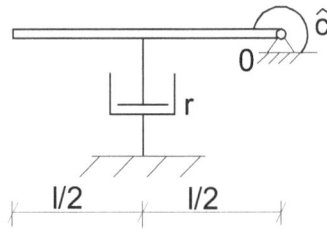

Bild 3.9.1 Dünner stabförmiger Zeiger durch Drehfeder in O elastisch eingespannt.

LÖSUNG

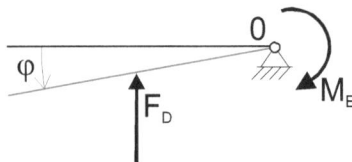

Bild 3.9.2 Schnittbild

Die ausgelenkte Lage wird von der statischen Ruhelage aus gezählt, das heißt, das Gewicht wird nicht berücksichtigt.

Der Momentensatz lautet

$$(3.9.1): \quad \Theta\ddot{\varphi} = -M_E - F_D \frac{l}{2}(1 - \cos\varphi).$$

Mit dem Einspannmoment

$$(3.9.2): \quad M_E = \hat{c}\varphi,$$

der Dämpferkraft

$$(3.9.3): \quad F_D = r\,\dot{x} = r\,\frac{l}{2}\,\dot{\varphi},$$

und für kleine φ ($\cos\varphi = 1$) mit dem Massenträgheitsmoment

$\Theta = \dfrac{1}{3}m\,l^2$ folgt die homogene Differentialgleichung 2.Ordnung

$$(3.9.4): \quad \ddot{\varphi} + \frac{3}{4}\frac{r}{m}\,\dot{\varphi} + \frac{3\hat{c}}{ml^2}\,\varphi = 0.$$

Die Bedingung, dass der Zeiger nach einer Auslenkung nicht mehr schwingt, ist der aperiodische Grenzfall

$$(3.9.5): \quad \delta = \omega.$$

Mit der Dämpfung

$$(3.9.6): \quad \delta = \frac{3}{4}\frac{r}{m}$$

und der Eigenkreisfrequenz

$$(3.9.7): \quad \omega = \sqrt{\frac{3\hat{c}}{ml^2}}$$

folgt

$$(3.9.8): \quad \frac{3}{4}\frac{r}{m} = \sqrt{\frac{3\hat{c}}{ml^2}}.$$

Daraus ergibt sich die minimalste Dämpferkonstante

$$(3.9.9): \quad r = 8\sqrt{\frac{m\hat{c}}{3l^2}}.$$

Der kritische Dämpfungsfaktor, das LEHRsche Dämpfungsmaß D lautet

$$(3.9.10): \quad 2\omega D = \frac{3}{4}\frac{r}{m} = 2\delta,$$

$$(3.9.11): \quad D = \frac{rl}{\sqrt{m\hat{c}}}\sqrt{\frac{3}{64}}.$$

Damit kann die gedämpfte Schwingungsdifferentialgleichung

$$(3.9.12): \quad \ddot{\varphi} + 2\omega D\,\dot{\varphi} + \omega^2\varphi = 0$$

geschrieben werden

Der Lösungsansatz ist mit den Ableitungen nach der Zeit

$$(3.9.13): \quad \varphi = e^{\lambda t}, \qquad \dot{\varphi} = \lambda e^{\lambda t}, \qquad \ddot{\varphi} = \lambda^2 e^{\lambda t}.$$

In (3.9.12) eingesetzt, ergibt eine quadratische Gleichung für λ

$$(3.9.14): \quad \lambda^2 e^{\lambda t} + 2\,\omega D\,\lambda e^{\lambda t} + \omega^2 e^{\lambda t} = 0.$$

Daraus folgt

$$(3.9.15): \quad \lambda_{1,2} = -\,\omega D \pm \sqrt{\omega^2 D^2 - \omega^2} = -\,\omega D \pm \omega\sqrt{D^2 - 1}.$$

Falldiskussion für das LEHRsche Dämpfungsmaß D<1, D=1, D>1

Es handelt sich um eine Schwingung, wenn D<1 ist

$$(3.9.16): \quad \lambda_{1,2} = -\,\omega D \pm j\omega\sqrt{1 - D^2},$$

um einen Kriechvorgang, wenn D>1 ist

$$(3.9.17): \quad \lambda_{1,2} = -\,\omega D \pm \omega\sqrt{D^2 - 1}$$

und um den aperiodischen Grenzfall, wenn D=1 ist. Mit einer Doppel-wurzel ergibt sich

$$(3.9.18): \quad \lambda_{1,2} = -\,\omega D = -\omega.$$

Daraus folgt die Dämpferkonstante

$$(3.9.19): \quad 2\omega = \frac{3}{4}\frac{r}{m} \quad \Rightarrow \quad r = \frac{8m\omega}{3} \quad \Rightarrow \quad r = 8\sqrt{\frac{m\hat{c}}{3l^2}}$$

und die Lösung des Systems mit den Konstanten, die durch die Anfangsbedingungen bestimmt werden können

$$(3.9.20): \quad \varphi(t) = A_1 e^{-\omega t} + A_2 t e^{-\omega t},$$

$$\dot{\varphi}(t) = -\omega e^{-\omega t}(A_1 + \frac{A_2}{\omega} + A_2 t).$$

AUFGABE 3.10

o Bestimmung der Bewegungsdifferentialgleichung und ihrer Partikularlösung

o Bestimmung der Erregerfrequenz

o Bestimmung der Amplitude der schwingenden Wagenmasse bei seiner Reisegeschwindigkeit

o Bestimmung der kritischen Reisegeschwindigkeit

Ein Auto, vereinfacht dargestellt als Masse-Feder-System (Dämpfungseinflüsse werden vernachlässigt), durchfährt mit konstanter Horizontalgeschwindigkeit v_0 sinusförmige Bodenwellen (Amplitude u_0, Wellenlänge L).

gegeben: c, m, v_0, u_0, L

gesucht: Bestimmung der Bewegungsdifferentialgleichung, die diesen Bewegungsablauf beschreibt, und ihrer Partikularlösung, Bestimmung der Erregerfrequenz, der Amplitude x_0 der schwingenden Wagenmasse bei einer Reisegeschwindigkeit v_0 und der kritischen Reisegeschwindigkeit v_{krit}.

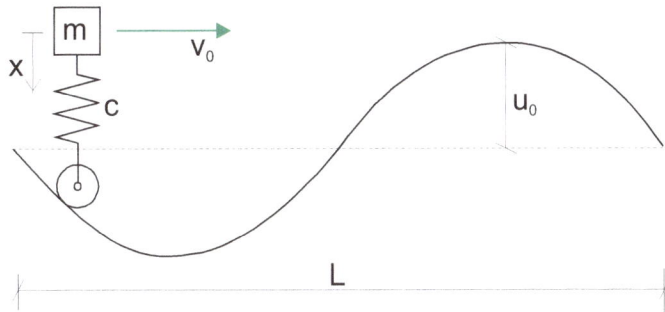

Bild 3.10.1 Durchfahrt einer sinusförmigen Bodenwellen eines Autos mit konstanter Horizontalgeschwindigkeit

LÖSUNG

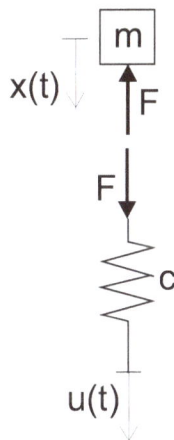

Bild 3.10.2 Schnittbild

Aufstellen der Differentialgleichung mit Hilfe der NEWTONschen Bewegungsgleichung

$$(3.10.1): \quad m\ddot{x} = -F = -c\,(x - u)$$

mit dem Federgesetz

$$(3.10.2): \quad F = c\,x$$

folgt

$$(3.10.3): \quad m\ddot{x} + c\,x = c\,u.$$

Die Funktion der Bodenwelle ist

$$(3.10.4): \quad u(t) = u_0 \sin\Omega t,$$

mit der Weglänge $L = v_0\,T = v_0\,\dfrac{2\pi}{\Omega}$ ergibt sich die Erregerfrequenz

$$(3.10.5): \quad \Omega = \frac{2\pi v_0}{L}.$$

Daraus folgt

$$(3.10.6): \quad u(t) = u_0 \sin\frac{2\pi v_0}{L}\,t.$$

Aus (3.10.3) folgt

$$(3.10.7): \quad \ddot{x} + \frac{c}{m}\,x = \frac{c}{m}\,u(t),$$

mit der Eigenkreisfrequenz

$$(3.10.8): \quad \omega^2 = \frac{c}{m}.$$

Die partikuläre Differentialgleichung lautet

$$(3.10.9): \quad \ddot{x} + \omega^2\, x = \omega^2\, u_0\, \sin\frac{2\pi v_0}{L}\, t.$$

Der Lösungsansatz lautet für den eingeschwungenen Zustand

$$(3.10.10): \quad x = x_{hom} + x_{part}$$
$$= A\, \sin\omega t + B\, \cos\omega t + x_p = x_0\, \sin\Omega t,$$

für den eingeschwungenen Zustand

$$(3.10.11): \quad x = x_0\, \sin\Omega t,$$

In (3.12.9) eingesetzt folgt

$$(3.10.12): \quad \sin\Omega t\,[-\,\Omega\, x_0 + \omega^2\, x_0] = \omega^2\, u_0\, \sin\Omega t.$$

Daraus folgt die Amplitude

$$(3.10.13): \quad x_0 = \frac{\omega^2}{\omega^2 - \Omega^2}\, u_0,$$

mit dem Verhältnis $\mu = \dfrac{\Omega}{\omega}$ folgt

$$(3.10.14): \quad x_0 = \frac{1}{1 - \mu^2}\, u_0.$$

Damit ergibt sich die kritische Reisegeschwindigkeit v_{krit} für Amplituden x_0 gegen ∞, das heißt, der Nenner $1-\mu^2$ muss gegen Null gehen

$$(3.10.15): \quad \mu^2 = 1.$$

In diesem Fall erhält das System Resonanz, das heißt, die Erregerfrequenz entspricht der Eigenkreisfrequenz

$$(3.10.16): \quad \frac{\Omega^2}{\omega^2} = \frac{4\pi^2 v^2}{\omega^2 L^2} = 1.$$

Dann ist die kritische Reisegeschwindigkeit

$$(3.10.17): \quad v_{krit} = \frac{L}{2\pi}\omega = \frac{L}{2\pi}\sqrt{\frac{c}{m}}.$$

AUFGABE 3.11

o Bestimmung des Ausschlags des Klotzes nach einmaligem Hin- und Herschwingen

o Anwendung der COULOMBschen Reibung

o Lösung mit den NEWTONschen Bewegungsgleichungen

o Lösung mit dem Energiesatz

Auf einer rauhen, ebenen Unterlage liegt ein Klotz (Masse m), der durch zwei Federn (Federsteifigkeit c) seitlich gehalten wird. Der Klotz wird aus der Ruhelage (Federn ungespannt) um die Strecke x_0 ausgelenkt und ohne Anfangsgeschwindigkeit losgelassen. Der Reibungskoeffizient μ sei so klein, dass der Klotz einige Male hin- und her-schwingt.

gegeben: c, m, μ, x_0

gesucht: Bestimmung des Ausschlags x_2 des Klotzes nach einmaligem Hin- und Herschwingen.

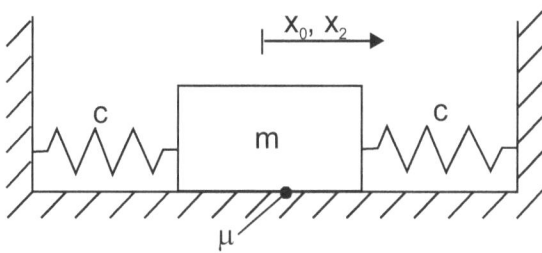

Bild 3.11.1 Klotz auf einer rauhen, ebenen Unterlage

1. LÖSUNGSMÖGLICHKEIT MIT DEN NEWTONSCHEN BEWEGUNGSGLEICHUNGEN

Die COULOMBsche Reibung ist der Geschwindigkeit immer entgegengesetzt, deshalb muss bei der Schwingungsgleichung auf das Vorzeichen geachtet werden.

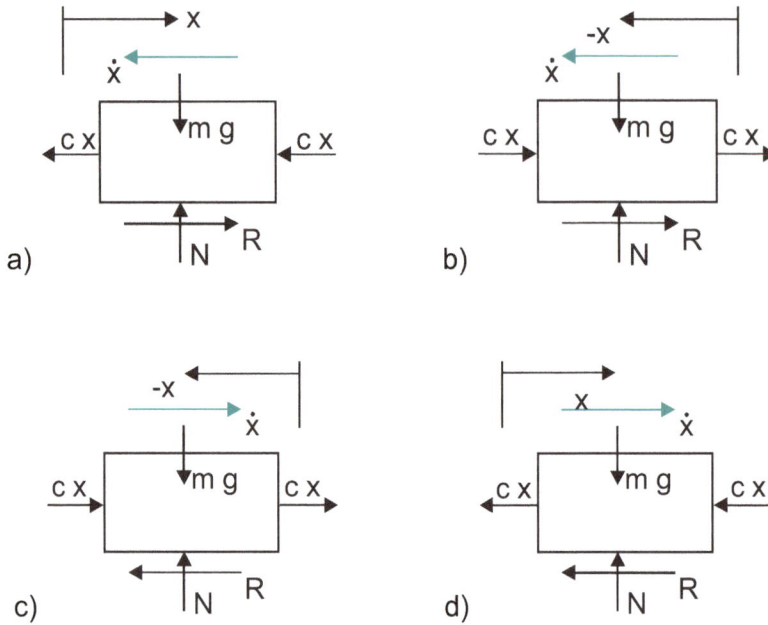

Bild 3.11.2 Schnittbild a) Bewegung nach links (nach dem Loslassen):
1. Bewegungsablauf; b) 2. Bewegungsablauf; c) Bewegung nach
rechts: 3. Bewegungsablauf; d) 4. Bewegungsablauf;

Für den 1. und 3. Bewegungsablauf gilt mit $R = \mu N$

$$(3.11.1): \quad m\ddot{x} = -2\,c\,x + \mu\,m\,g \quad \Rightarrow \quad \ddot{x} + \frac{2c}{m}x = +\mu g,$$

für den 2. und 4. Bewegungsablauf gilt

$$(3.11.2): \quad m\ddot{x} = -2\,c\,x - \mu\,m\,g \quad \Rightarrow \quad \ddot{x} + \frac{2c}{m}x = -\mu g.$$

Das System bewegt sich zuerst nach links, es gilt die Differentialgleichung mit deren Lösung für die Verschiebung

$$(3.11.3): \quad x = x_{hom} + x_{part} = A_1 \sin\omega t + B_1 \cos\omega t + C_1$$

$$\Rightarrow \quad C_1 = \frac{\mu mg}{2c}.$$

Die allgemeine Lösung lautet

$$(3.11.4): \quad x(t) = A_1 \sin\omega t + B_1 \cos\omega t + \frac{\mu mg}{2c},$$

$$(3.11.5): \quad \dot{x}(t) = \omega A_1 \cos\omega t - \omega B_1 \sin\omega t,$$

mit dem Anfangsausschlag x_0 als Anfangsbedingungen $x(0) = x_0$ und $\dot{x}(0) = 0$ folgt

$$(3.11.6): \quad B_1 = x_0 - \frac{\mu mg}{2c}, \qquad A_1 = 0.$$

Damit lautet die Lösung für die 1. und 2. Bewegung nach links nach der Auslenkung

$$(3.11.7): \quad x(t) = (x_0 - \frac{\mu mg}{2c})\cos\omega t + \frac{\mu mg}{2c},$$

$$(3.11.8): \quad \dot{x}(t) = -\omega(x_0 - \frac{\mu mg}{2c})\sin\omega t.$$

Der maximale Ausschlag nach links $x_1(t_1)$ bei der Geschwindigkeit $\dot{x}_1(t_1) = 0$ sind Anfangsbedingungen für den zweiten Bewegungsablauf

$(3.11.9):\quad \dot{x}_1(t_1) = 0 \quad \Rightarrow \quad \sin\omega t_1 = 0 \quad$ für $\omega t = 0, \pi, 2\pi, \ldots$

Der Zeitpunkt für den ersten Ausschlag ist

$(3.11.10):\quad t_1 = \dfrac{\pi}{\omega} \quad$ oder $\quad \omega t_1 = \pi$.

Eingesetzt folgt

$(3.11.11):\quad x(t_1) = (x_0 - \dfrac{\mu mg}{2c})(-1) + \dfrac{\mu mg}{2c} = -x_0 + \dfrac{\mu mg}{c}$.

Es liegt die Vermutung nahe, dass der gesuchte Ausschlag

$(3.11.12):\quad x_2 = x_0 - 2\dfrac{\mu mg}{c}$

beträgt, was zu beweisen ist.

Das System bewegt sich nach rechts, es gilt die Differentialgleichung (3.11.2)

$(3.11.13):\quad x(t) = A_2 \sin\omega t + B_2 \cos\omega t - \dfrac{\mu mg}{2c}$,

$(3.11.14):\quad \dot{x}(t) = \omega A_2 \cos\omega t - \omega B_2 \sin\omega t$.

Mit den Anfangsbedingungen (3.11.11) und (3.11.9)

$(3.11.15):\quad x_1(\omega t_1 = \pi) = -x_0 + \dfrac{\mu mg}{c}, \qquad \dot{x}_1(\omega t_1 = \pi) = 0$

folgen die Konstanten

$$(3.11.16): \quad x_1(t_1) = -x_0 + \frac{\mu mg}{c} = B_2 - \frac{\mu mg}{2c}$$

$$\Rightarrow \quad B_2 = x_0 - \frac{3}{2}\frac{\mu mg}{c},$$

$$(3.11.17): \quad \dot{x}_1(t_1) = 0 = \omega A_2 \, 1 \quad \Rightarrow \quad A_2 = 0.$$

Damit lautet die Lösung für die zweite Bewegung nach rechts

$$(3.11.18): \quad x(t) = (x_0 - \frac{3}{2}\frac{\mu mg}{c})\cos\omega t - \frac{\mu mg}{2c},$$

$$(3.11.19): \quad \dot{x}(t) = -\omega(x_0 - \frac{3}{2}\frac{\mu mg}{c})\sin\omega t.$$

Bei der Geschwindigkeit $\dot{x}_2(t_2) = 0$ ergibt sich mit

$$(3.11.20): \quad 0 = -\omega(x_0 - \frac{3}{2}\frac{\mu mg}{c})\sin\omega t_2 \quad \Rightarrow \quad \omega t_2 = 2\pi,$$

der maximale Ausschlag nach rechts

$$(3.11.21): \quad x_2(\omega t_2 = 2\pi) = (x_0 - \frac{3}{2}\frac{\mu mg}{c})1 - \frac{\mu mg}{2c}$$

$$= x_0 - 2\frac{\mu mg}{c}.$$

Die Vermutung hat sich bestätigt.

2. LÖSUNGSMÖGLICHKEIT MIT DEM ENERGIESATZ

Mit $|x_0| = s_0$ und $|x_1| = s_1$ lautet der Energiesatz für den ersten Bewegungsablauf nach links nach der ersten Auslenkung für zwei Federn

$$(3.11.22): \quad E_1 - E_0 = \int \vec{F} d\vec{s}$$
$$\Rightarrow \quad 2(\frac{1}{2} c s_1^2 - \frac{1}{2} c s_0^2) = -\mu\, m\, g\, (s_0 + s_1).$$

Damit ergibt sich der erste Ausschlag zu

$$(3.11.23): \quad s_1 = s_0 - \mu \frac{mg}{c}.$$

Mit $|x_2| = s_2$ lautet der Energiesatz für den zweiten Bewegungsablauf nach rechts

$$(3.11.24): \quad E_2 - E_1 = \int \vec{F} d\vec{s}$$
$$\Rightarrow \quad 2(\frac{1}{2} c s_2^2 - \frac{1}{2} c s_1^2) = -\mu\, m\, g\, (s_2 + s_1).$$

Damit ergibt sich der zweite Ausschlag zu

$$(3.11.25): \quad s_1 = s_1 - \mu \frac{mg}{c} = s_0 - 2\mu \frac{mg}{c}.$$

AUFGABE 3.12

o Bestimmung der Eigenkreisfrequenz des Systems für kleine Ausschläge

o   Bestimmung der Amplitude der Antwortfunktion im stationären Zustand

Ein Druckmessgerät für den veränderlichen Unterdruck

$p(t) = p_0 \sin\Omega t$ besteht aus einem Kolben 1 (Masse m_1, Fläche A), einer Stange 2 (Masse m_2), einem dünnen Zeiger 3 (Masse m_3) und einer Feder 4 (Federsteifigkeit c). Das gesamte Gewicht soll im Lager O
aufgenommen werden.

gegeben: m_1, m_2, m_3, A, c, I, a, p_0, Ω

gesucht: Bestimmung der Eigenkreisfrequenz ω des Systems für
kleine Ausschläge und der Amplitude Q der Antwortfunktion
$q(t) = Q \sin\Omega t$ im stationären Zustand.

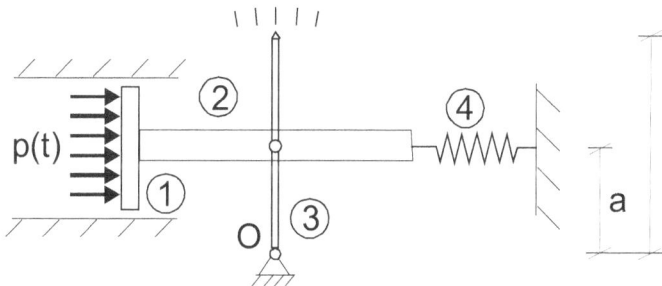

Bild 3.12.1 Druckmessgerät für veränderlichen Unterdruck

LÖSUNG

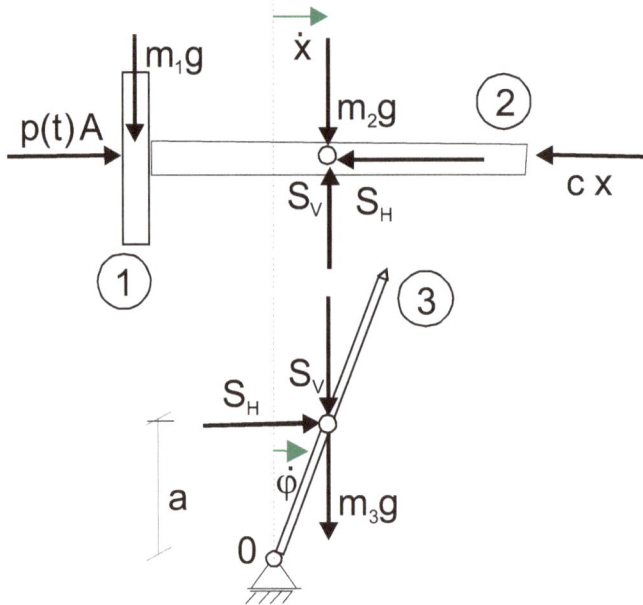

Bild 3.12.2 Schnittbild im ausgelenktem Zustand

Die NEWTONschen Bewegungsgleichungen in horizontaler

(3.12.1): $\quad (m_1 + m_2)\ddot{x} = p(t)\,A - c\,x - S_H,$

als geführte Bewegung in vertikaler Richtung

(3.12.2): $\quad S_V = (m_1 + m_2)g$

und der Momentensatz lauten

(3.12.3): $\quad \Theta_{3O}\ddot{\varphi} = (S_V + m_3\,g)\,a\varphi + S_H\,a.$

Die Kinematik ist

$$(3.12.4): \quad a\dot{\varphi} = \dot{x}.$$

Mit (3.12.1) und (3.12.3) mit (3.12.2) und dem Massenträgheitsmoment der Stange (Zeigerlänge l) $\Theta_{3O} = \dfrac{1}{3} m_3 l^2$ folgt

$$(3.12.5): \quad (m_1 + m_2 + \frac{1}{3}\frac{l^2}{a^2} m_3)\ddot{x} + (c - \frac{(m_1 + m_2 + m_3)g}{a})x$$
$$= p(t)A.$$

Damit ergibt sich die Schwingungsdifferentialgleichung zu

$$(3.12.6): \quad \ddot{x} + \frac{c - \dfrac{(m_1 + m_2 + m_3)g}{a}}{m_1 + m_2 + \dfrac{1}{3}\dfrac{l^2}{a^2} m_3} x = \frac{A\, p_0 \sin\Omega t}{m_1 + m_2 + \dfrac{1}{3}\dfrac{l^2}{a^2} m_3}$$
$$= \tilde{p}\sin\Omega t.$$

Damit ist die Eigenkreisfrequenz

$$(3.12.7): \quad \omega^2 = \frac{c - \dfrac{(m_1 + m_2 + m_3)g}{a}}{m_1 + m_2 + \dfrac{1}{3}\dfrac{l^2}{a^2} m_3}.$$

Die Dauerlösung für den stationären Zustand herrscht nach der Einschwingzeit. Die Schwingung ist dann nicht mehr von den Anfangsbedingungen, sondern nur noch von der Erregung beeinflusst.

Mit dem Partikularansatz

$$(3.12.8): \quad x_{part} = X \sin\Omega t \quad \Rightarrow \quad \ddot{x}_{part} = -\Omega^2 X \sin\Omega t$$

folgt in (3.12.6)

$$(3.12.9): \quad X = \frac{\tilde{p}}{\omega^2 - \Omega^2}.$$

Mit dem Strahlensatz ergibt sich das Verhältnis

$$(3.12.10): \quad \frac{Q}{l} = \frac{X}{a}$$

für die Amplitude der Antwortfunktion q(t)

$$(3.12.11): \quad Q = \frac{l}{a} = \frac{A\,p_0}{m_1 + m_2 + \dfrac{1}{3}\dfrac{l^2}{a^2} m_3} \cdot \frac{1}{\omega^2 - \Omega^2}.$$

AUFGABE 3.13

o Bestimmung der Eigenkreisfrequenz des Systems für kleine Ausschläge

o Bestimmung der Differentialgleichung

o Bestimmung der Differentialgleichung für kleine Ausschläge

o Bestimmung Antwortfunktion $\varphi(t)$

Ein mathematisches Pendel hat eine Anfangsauslenkung φ_0 und eine Anfangswinkelgeschwindigkeit $\dot{\varphi}_0$.

gegeben: m, l, φ_0, $\dot{\varphi}_0$

gesucht: Bestimmung der Eigenkreisfrequenz ω des Systems, die Schwingungsdifferentialgleichung, die Schwingungsdifferentialgleichung für kleine Ausschläge und der Antwortfunktion $\varphi(t)$.

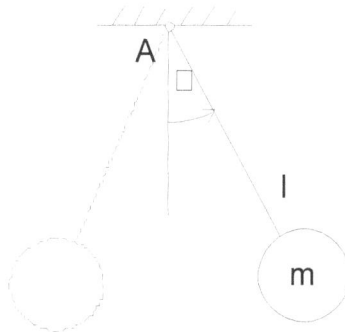

Bild 3.13.1 System eines mathematischen Pendels

LÖSUNG

Eine Punktmasse ist an einem masselosen Stab (Länge l) in Punkt A aufgehängt und dreht sich φ – Richtung um A.

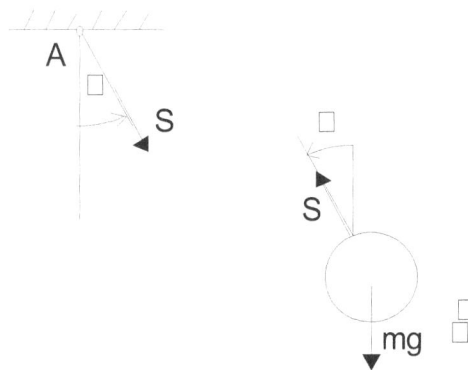

Bild 3.13.2 Schnittbild eines mathematischen Pendels

Mit Hilfe der NEWTONschen Bewegungsgleichungen in φ – Richtung erhält man die inhomogene Differentialgleichung mit dem Massenträgheitsmoment $\Theta_A = l^2\, m$.

$(3.13.1):\qquad \Theta_A\,\ddot{\varphi} + m\,g\,l\,\sin\varphi = 0.$

$(3.13.2):\qquad \ddot{\varphi} + \dfrac{g}{l}\,\sin\varphi = 0.$

Hier ist die Gewichtskraft $m\,g\,l\,\sin\varphi$ eine rückstellende Kraft. Diese Differentialgleichung ist durch den Term $\sin\varphi$ nur näherungsweise lösbar.

Will man diese nichtlineare Differentialgleichung löse, muss der Sinus in einer Reihe entwickelt werden

---

$(3.13.3):\qquad \sin\varphi = \varphi - \dfrac{\varphi^3}{3!} + \dfrac{\varphi^5}{5!} \pm \ldots \pm \dfrac{\varphi^n}{n!}.$

Sie wird durch die Annahme, dass nur kleine Ausschläge auftreten sollen, kann dieser Term nach dem ersten Reihenglied zu

---

$(3.13.4):\qquad \sin\varphi \approx \varphi.$

---

linearisiert werden. Die Differentialgleichung (3.13.5) ergibt sich zu

---

$(3.13.5):\qquad \ddot{\varphi} + \dfrac{g}{l}\,\varphi = 0.$

---

mit der Eigenkreisfrequenz ω , beziehungsweise der Eigenfrequenz f des Systems

$$(3.13.6): \qquad \omega = \sqrt{\frac{g}{l}} = 2\pi\, f.$$

Die Lösung der Differentialgleichung lautet

$$(3.13.7): \qquad \varphi = A\cos\omega t + B\sin\omega t.$$

Die Konstanten A und B werden mit Hilfe der Anfangsbedingungen in der Lösung bestimmt. Die Anfangsbedingungen sind die Winkel φ_0 und die Winkelgeschwindigkeit $\dot{\varphi}_0$ der Punktmasse zum Zeitpunkt t=0

$$(3.13.8): \qquad \varphi(t=0)=\varphi_0, \qquad \dot{\varphi}(t=0)=\dot{\varphi}_0.$$

Damit kann die Verschiebung in der Form

$$(3.13.9): \qquad \varphi(t)=\varphi_0\cos\omega t + \frac{\dot{\varphi}_0}{\omega}\sin\omega t$$

geschrieben werden. Offensichtlich können auch ohne äußere Belastung zeitlich veränderliche Winkel φ nur durch eine Anfangswinkel φ_0 und eine Anfangswinkelgeschwindigkeit $\dot{\varphi}_0$ entstehen.

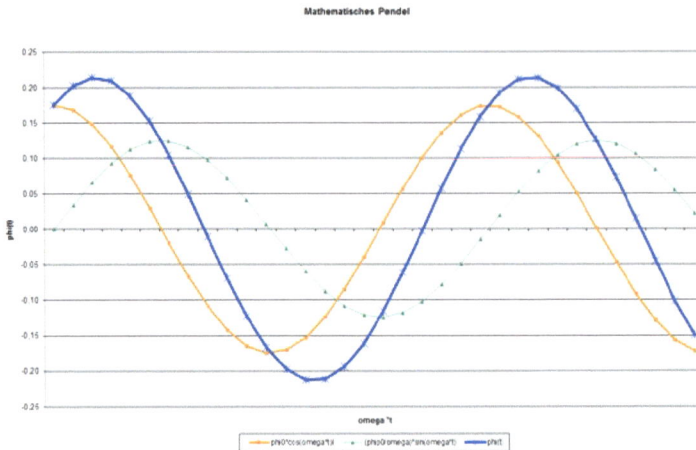

Bild 3.13.3 Mathematisches Pendel: Antwortfunktion $\varphi(t)$ **über omega*t**

(blau); $\varphi_0 = 10^0$, $\dot{\varphi}_0 = \dfrac{10^0}{\text{sec}}$, **l=5 m,** $\delta = 0$, $\omega = 1{,}4\,\dfrac{1}{\text{sec}}$; **[bu-nd-ex-3-13-1-**

math-schwing-daempf]

Hier bleibt die Amplitude über die Zeit konstant, denn das System ist ungedämpft. Bei einem gedämpften System klingt die Amplitude mit der Zeit ab.

Die Verschiebung x lautet dann

$$(3.13.10): \quad \varphi(t) = e^{-\delta t}\left(\varphi_0 \cos\omega_d t + \frac{\dot{\varphi}_0 + \delta\,\varphi_0}{\omega_d}\sin\omega_d t\right).$$

Offensichtlich können auch hier ohne äußere Belastung zeitlich veränderliche Verschiebungen x durch die Anfangsverschiebung x_0 und Anfangsgeschwindigkeit v_0 entstehen.

Die Eigenkreisfrequenz ω_d des gedämpften Systems lautet nun

$$(3.13.11): \quad \omega_d = \sqrt{\omega^2 - \delta^2}.$$

Sie wird also durch die Dämpfung kleiner als im ungedämpften System. Da die meisten technischen Probleme einen sehr kleinen Dämpfungsfaktor δ haben

$$(3.13.12): \quad \delta \ll \omega,$$

kann diese Differenz vernachlässigt werden. Es gilt daher für technische Probleme im Allgemeinen

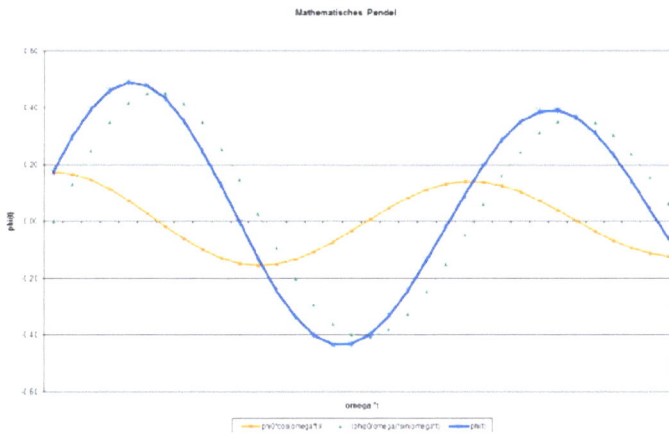

Bild 3.13.4 Antwort $\varphi(t)$; $\varphi_0 = 10^0$, $\dot{\varphi}_0 = \dfrac{10^0}{\text{sec}}$, l=5 m, $\delta = 0.05$,

$\omega = 1,4 \dfrac{1}{\text{sec}}$; [bu-nd-ex-3-13-2-math-schwing-daempf.xls]

$$(3.13.13): \quad \omega \approx \omega_d.$$

Weiter wird ein kritischer Dämpfungsfaktor, das LEHRsche Dämpfungsmaß D durch das Verhältnis

$$(3.13.14): \quad D = \frac{\delta}{\omega}$$

definiert.

Wenn das System sehr stark gedämpft wird, das heißt

$$(3.13.15): \quad \delta > \omega,$$

erhält man für die Differentialgleichung eine ähnliche Lösung für die Verschiebung, allerdings mit Hyperbelfunktionen statt der trigonometrischen Funktionen. Das System schwingt nicht mehrfach um seine Ruhelage, sondern kommt sofort zur Ruhe.

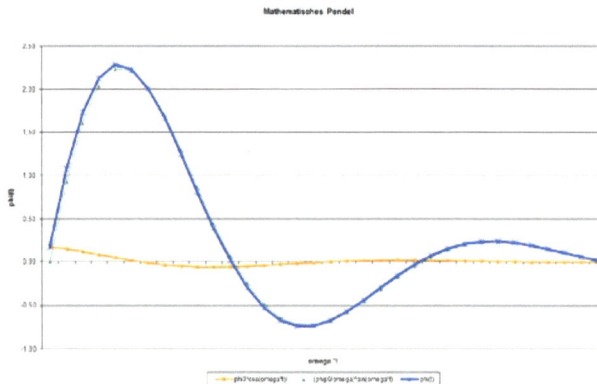

Bild 3.13.5 Antwort $\varphi(t)$; $\varphi_0 = 10^0$, $\dot{\varphi}_0 = \dfrac{10^0}{\text{sec}}$, l=5 m, $\delta = 0,5$,

$\omega = 1{,}4\,\dfrac{1}{\text{sec}}$; [bu-nd-ex-3-13-3-math-schwing-daempf.xls]

Wenn der aperiodische Grenzfall auftritt, ist der kritische Dämpfungsfaktor

$$(3.13.16): \quad D = 1.$$

Das logarithmische Dekrement

$$(3.13.17): \quad \Lambda = \frac{\delta\,\pi}{\omega_d}.$$

entspricht dem Verhältnis zweier Amplituden im Abstand $\frac{T'}{2}$, wobei

die Schwingungsdauer als T' definiert ist.

$$(3.13.18): \quad T' = \frac{2\,\pi}{\omega_d}.$$

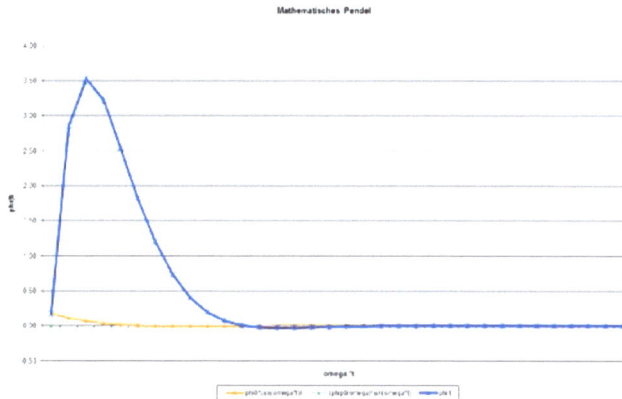

Mathematisches Pendel

Bild 3.13.6 Antwort $\varphi(t)$; $\varphi_0 = 10^0$, $\dot{\varphi}_0 = \frac{10^0}{\text{sec}}$, l=5 m, $\delta = 2,1\,(D \cong 1)$,

$\omega = 1,4\,\dfrac{1}{\text{sec}}$; **[bu-nd-ex-3-13-4-math-schwing-daempf .xls]**

AUFGABE 3.14

o Bestimmung der Ersatzsteifigkeit des Systems

○ Bestimmung der Eigenkreisfrequenz des Systems

○ Bestimmung der Kontaktkraft und des maximalen Pollerwegs

Ein Wagen fährt mit einer Geschwindigkeit v_0 auf einen Poller (I 80, bzw. I 120).

gegeben: M, Profil I 80, Profil I 120, h, v_0

gesucht: Bestimmung der Ersatzsteifigkeit, der Eigenkreisfrequenz ω des Systems, der Kontaktkraft und des maximalen Federwegs a) bei einem Poller, b) bei zwei Pollern.

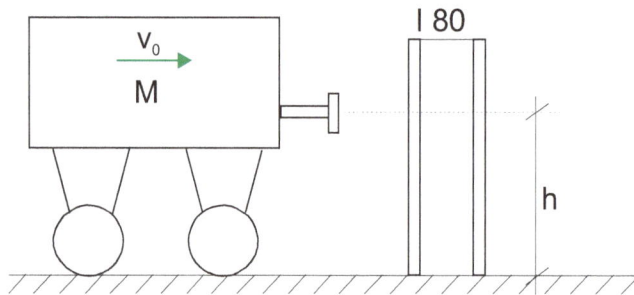

Bild 3.14.1 Güterwagen fährt auf einen Poller

LÖSUNG

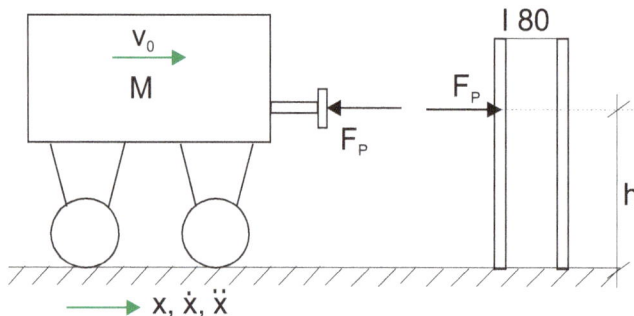

Bild 3.14.2 Schnittbild im ausgelenktem Zustand

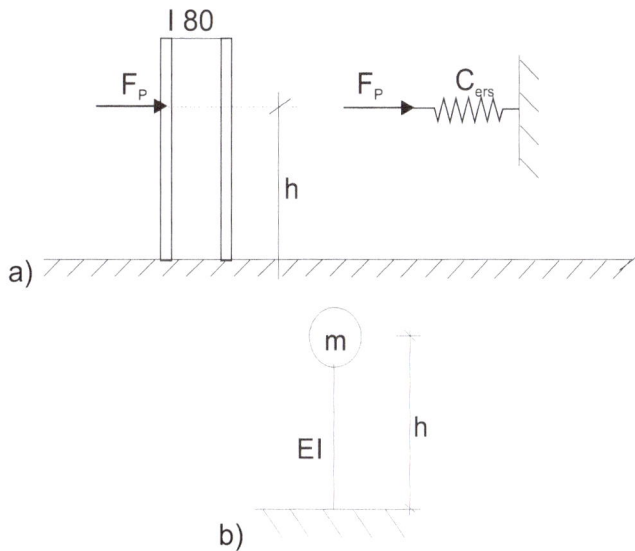

Bild 3.14.3 a) Poller als Ersatzsystem; b) Masseloser Balken der Länge h und der Biegesteifigkeit E I

Für eine balkenartige Struktur (Bild 3.16.3 b) kann eine Ersatzfedersteifigkeit c_{ers} definiert werden, die einem masselosen Biegebalken der Länge h und der Biegesteifigkeit EI entspricht

$$(3.14.1): \quad c_{ers} = \frac{3\,E\,I}{h^3}.$$

Damit reduziert sich das System auf einen Einmassenschwinger.

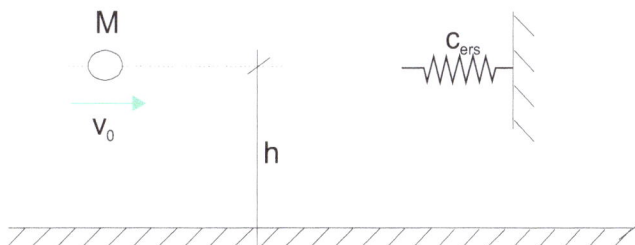

Bild 3.14.4 Masseloser Balken der Länge h und der Biegesteifigkeit EI

Die Bewegungsenergie $T = \dfrac{1}{2} M v_0{}^2$ der Masse M geht in Federenergie im Poller $\Pi_{Poller} = \dfrac{1}{2} c_{ers} x_{max}{}^2$ über

$$(3.14.2): \quad \frac{1}{2} M v_0{}^2 = \frac{1}{2} c_{ers} x_{max}{}^2,$$

$$(3.14.3): \quad x_{max}{}^2 = \frac{M v_0{}^2}{c_{ers}},$$

$$(3.14.4): \quad x_{max} = \sqrt{\frac{M v_0{}^2}{c_{ers}}} = v_0 \sqrt{\frac{M}{c_{ers}}}.$$

Die Kontaktkraft F_P ergibt sich zu

$$(3.14.5): \quad F_P = c_{ers} x_{max} = c_{ers} \; v_0 \sqrt{\frac{M}{c_{ers}}} = v_0 \sqrt{M c_{ers}}$$
$$= v_0 \sqrt{\frac{3 M EI}{h^3}}.$$

Mit zwei Pollern wird die Kraft auf zwei Poller aufgeteilt. Damit ergibt sich

$$(3.14.6): \quad \frac{1}{2} M v_0{}^2 = 2 \frac{1}{2} c_{ers} x_{max}{}^2,$$

$$(3.14.7): \quad x_{max}{}^2 = \frac{M v_0{}^2}{2 c_{ers}},$$

Die Kontaktkraft F_{2P} ergibt sich zu

$$(3.14.8): \quad F_{2P} = v_0 \sqrt{\frac{3M\,EI}{2h^3}}.$$

Zahlenbeispiel

$M = 400$ kg, $E = 210000\,\dfrac{N}{mm^2}$, $h = 0,5$ m, $v_0 = 2\,\dfrac{m}{sec}$, $I_{80} = 778000$ mm^4,

$I_{120} = 3280000$ mm^4.

Tabelle 3.14.1 Kontaktkraft und maximaler Pollerweg in Abhängigkeit des Poller-Flächenträgheitsmoments

	I 80 [mm^4]	I 120 [mm^4]
M c_{ers}	15386474880,00	64868428800,00
M/c_{ers}	0,00001039874313	0,00000246653115
c_{ers} [N/mm]	3921,12	16531,20
x_{max} 1 Poller [mm]	6,45	3,14
F_{Pmax} 1 Poller [kN]	248084,46	509385,63
x_{max} 2 Poller [mm]	4,56	2,22
F_{2Pmax} 2 Poller [kN]	175422,20	360190,03

AUFGABE 3.15

o Bestimmung der Eigenkreisfrequenz des Systems

o Bestimmung der Amplitude der Antwortfunktion

o Bestimmung des dynamischen Schwingbeiwerts

Ein Masse M hat bei x=0 losgelassen und kommt zur Ruhe. Eine Masse m fällt aus der Höhe h auf die losgelassene Masse M.

gegeben: m, M, h, c, e=0

gesucht: Bestimmung der Antwort und des dynamischen Schwingbeiwertes des Systems nach dem vollplastischen Stoß.

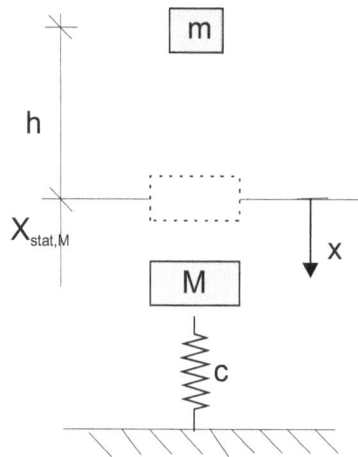

Bild 3.15.1 Massensystem mit fallender Masse m

LÖSUNG

Die Anfangsauslenkung x_{stat}

$$(3.15.1): \quad M\,g = c\; x_{stat,M} \quad \Rightarrow \quad x_{stat,M} = \frac{Mg}{c}.$$

Die Auftreffgeschwindigkeit v_m der Masse m

$$(3.15.2): \quad v_m = \sqrt{2g(h + x_{stat,M})}.$$

Vollplastischer Stoß heißt, dass die Masse m auf der Masse M liegen bleibt. Mit dem Impulserhaltungssatz

$$(3.15.3): \quad \underset{\text{vorher}}{mv_m} = \underset{\text{nachher}}{(M+m)v_0}.$$

ergibt sich die Geschwindigkeit v_0

$$(3.15.4): \quad v_0 = \frac{m}{M+m}\sqrt{2g(h + x_{stat,M})}.$$

Die Bewegung des Schwingers beginnt mit dieser Geschwindigkeit. Die Bewegungsgleichung lautet

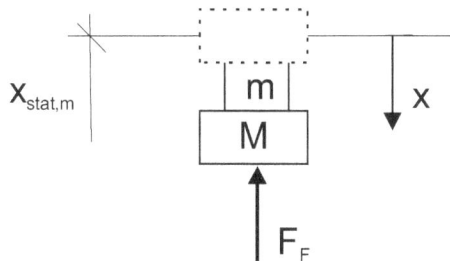

Bild 3.15.2 Schnittbild

$$(3.15.5): \quad (M+m)\ddot{x} = (M+m)g - cx,$$

$$(3.15.6): \quad \ddot{x} + \frac{c}{M+m}x = g.$$

Daraus ergibt sich die Eigenkreisfrequenz

$$(3.15.7): \quad \omega = \sqrt{\frac{c}{M+m}}.$$

Die partikuläre Lösung folgt aus der statischen Absenkung der Masse M

$$(3.15.8): \quad x_{stat,G} = \frac{g}{\omega^2}.$$

Die Gesamtlösung setzt sich aus der homogenen und partikulären zusammen

$$(3.15.9): \quad x_{ges} = A\cos\omega t + B\sin\omega t + \frac{g}{\omega^2}.$$

Mit den Anfangsbedingungen zur Zeit t=0

$$(3.15.10): \quad x(t=0) = x_{stat,M} = \frac{Mg}{c}$$

$$\Rightarrow \frac{Mg}{c} = A\,1 + B\,0 + \frac{g}{\omega^2}$$

$$\Rightarrow A = \frac{Mg}{c} - \frac{g}{\omega^2} = -\frac{mg}{c},$$

$$(3.15.11): \quad \dot{x}(t=0) = v_0 = \frac{m}{M+m}\sqrt{2g(h+x_{stat,M})}$$

$$\Rightarrow \frac{m}{M+m}\sqrt{2g(h+x_{stat,M})} = A\,\omega\,0 + B\,\omega\,1$$

$$\Rightarrow \quad B = m\sqrt{\frac{2g(h + x_{stat,M})}{(M + m)c}}.$$

lautet die Systemantwort

$$(3.15.12): \quad x_{ges} = -\frac{mg}{c}\cos\omega t$$

$$+ m\sqrt{\frac{2g(h + x_{stat,M})}{(M + m)c}}\sin\omega t + \frac{g}{\omega^2}$$

oder um die statische Ruhelage.

Mit

$$(3.15.13): \quad C^* = \sqrt{(\frac{-mg}{c})^2 + m^2\frac{2g(h + x_{stat,M})}{(M + m)c}}$$

$$\text{und} \quad \varepsilon = \arctan\frac{v_0}{x_{stat,M}\,\omega},$$

der Phasenverschiebungen für die nachlaufende cos-Schwingung

$$(3.15.14): \quad x_{ges} = C^*\cos(\omega t + \varepsilon) + \frac{g(M + m)}{c},$$

beziehungsweise

$$(3.15.15): \quad x_{ges} = C^*\sin(\omega t + \gamma) \quad \text{mit } \gamma = \arctan\frac{x_{Stat,M}\,\omega}{v_0}$$

für die vorlaufende sin-Schwingung.

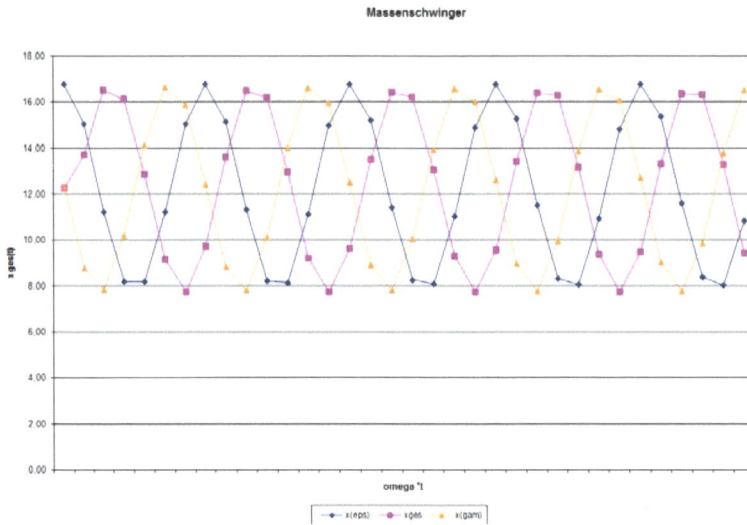

Massenschwinger

Bild

3.15.3 Antwort $x_{ges}(t)$: M=200 kg, m=50 kg, $c = 200 \dfrac{kN}{mm^2}$, h=5 mm,

$\omega = 28{,}8 \dfrac{1}{sec}$; vorlaufende und nachlaufende cos-Schwingung; [bu-nd-

ex-3-15-0-massensystem-freier-Fall-0.xls]

Der maximale Federweg ist proportional der maximalen Federauslenkung x_{max}

$(3.15.16):$ $F_{Fmax,dyn} = c\, x_{max}$.

Die maximale Auslenkung entsteht für $(\cos\omega t - \varepsilon) = 1$

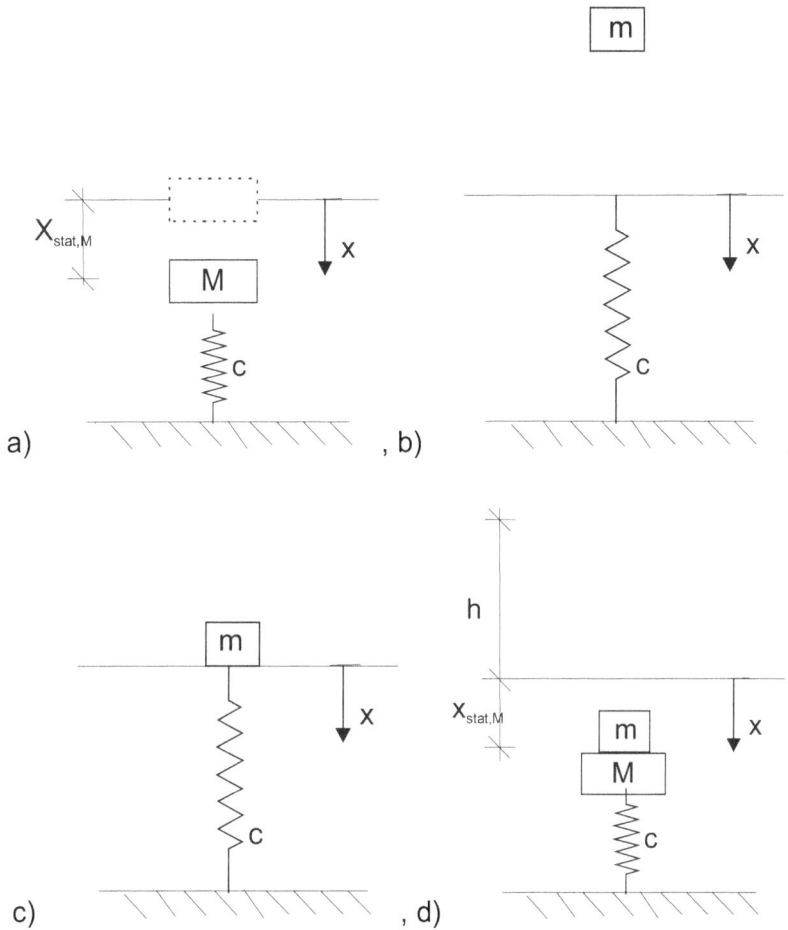

Bild 3.15.4 Fallunterscheidungen; a) Fall 1: statische Federauslenkung; b) Fall 2: Federauslenkung infolge M=0; c) Fall 3: Federauslenkung infolge M=0 und h=0, Federauslenkung nur infolge m; d) Fall 4: Federauslenkung h=-$x_{sta,M}$

$$(3.15.17): \quad F_{Fmax,dyn} = c\, x_{max}$$

$$= c\sqrt{(\frac{-mg}{c})^2 + m^2\, \frac{2g(h + x_{stat,M})}{(M+m)c}} + g\,(M+m).$$

Das ist die dynamische Federkraft. Die statische Federkraft ist

$$(3.15.18): \quad F_{Fmax,dyn} = g(M+m).$$

Der dynamische Schwingbeiwert ist

$$(3.15.19): \quad \nu = \frac{\text{dyn. Federkraft}}{\text{stat. Federkraft}}$$

$$= \frac{c\sqrt{(\dfrac{-mg}{c})^2 + m^2 \dfrac{2g(h+x_{stat,M})}{(M+m)c}}}{g(M+m)} + 1$$

$$= \frac{m}{(M+m)}\sqrt{1 + \frac{2c(h+x_{stat,M})}{g(M+m)}} + 1.$$

Fallunterscheidungen:

Fall 1: Masse m fällt nicht (m= 0)

$$(3.15.20): \quad \nu = 1.$$

Das entspricht der statischen Federauslenkung.

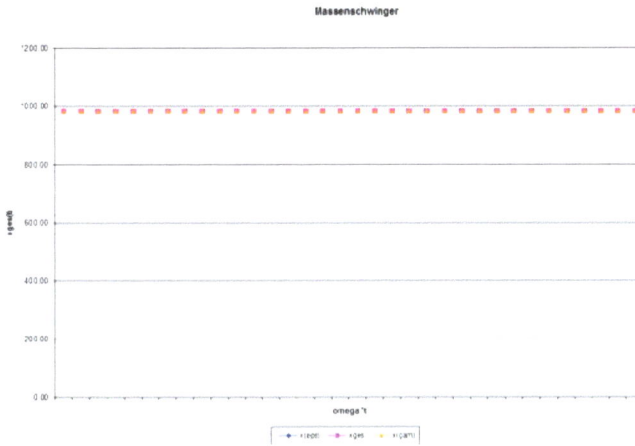

Bild 3.15.5 Antwort $x_{ges}(t)$; M=200 kg, m=50 kg, $c = 200\dfrac{kN}{mm^2}$, h=5 mm,

Fall 1: statische Federauslenkung; [bu-nd-ex-3-15-1-massensystem-freier-Fall-1.xls]

Fall 2: Masse M=0

$$(3.15.21): \quad \nu = \sqrt{3 + \frac{2ch}{gm}} + 1.$$

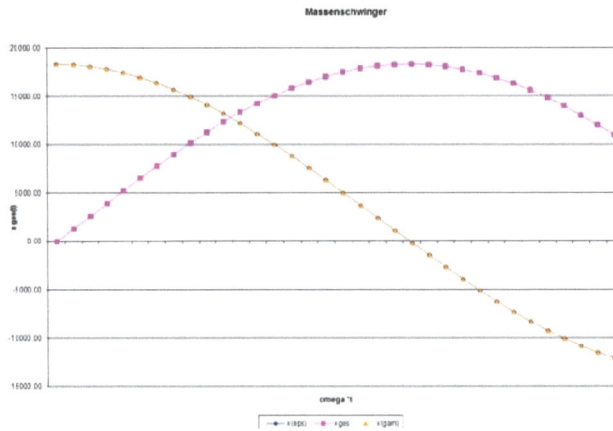

Bild 3.15.6 Antwort $x_{ges}(t)$**; m=50 kg,** $c = 200 \dfrac{kN}{mm^2}$ **, h=50000 mm, Fall 2:**

Federauslenkung infolge M=0; [bu-nd-ex-3-15-2-massensystem-freier-Fall-2.xls]

Fall 3: Masse M=0, h=0

$$(3.15.22): \quad \nu = 2,$$

Das ist die Federauslenkung nur infolge m.

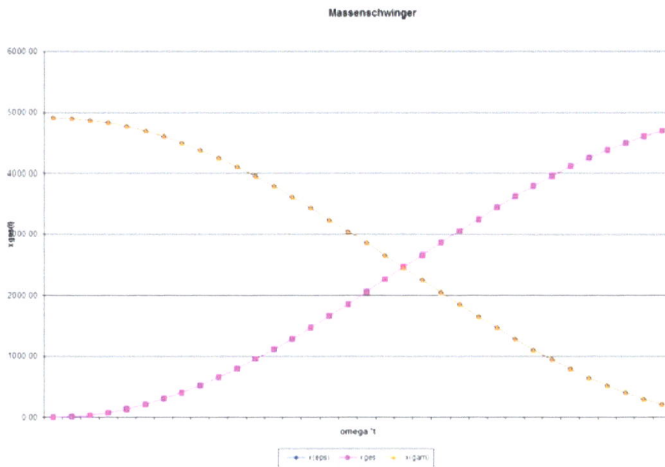

Bild 3.15.7 Antwort $x_{ges}(t)$; m=50 kg, $c = 200\,\dfrac{kN}{mm^2}$, Fall 3: Federauslen-

kung infolge M=0 und h=0, Federauslenkung nur infolge m; [bu-nd-ex-3-15-3-massensystem-freier-Fall-3.xls]

Fall 4: h= -$x_{stat,M}$

$$(3.15.23): \quad \nu = \frac{m}{(M+m)}\sqrt{1+\frac{2c(-x_{stat,M}+x_{stat,M})}{g(M+m)}}+1$$

$$= \frac{m}{(M+m)}+1.$$

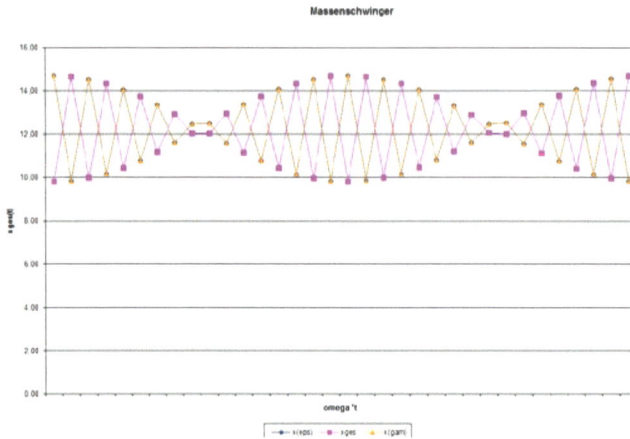

Bild 3.15.8 Antwort $x_{ges}(t)$; M=200 kg, m=50 kg, $c = 200000 \dfrac{kN}{mm^2}$, h=-9,81

mm, Fall 4: Federauslenkung h=-$x_{stat,M}$; [bu-nd-ex-3-15-4-

massensystem-freier-Fall-4.xls]

AUFGABE 3.16

○ Bestimmung der Eigenkreisfrequenz eines Einmassenschwingers

○ Bestimmung der Amplitude der Antwortfunktion unter einer Belastung F(t)

Ein ungedämpfter Einmassenschwinger (Masse m, Federsteifigkeit c)
wird mit der Last-Zeitfunktion F(t) mit den Anfangsbedingungen x_{01}
und $\dot{x}_{01}$ belastet.

gegeben: m, c, F(t), t_1, t_2

gesucht: Bestimmung der Eigenkreisfrequenz und der Antwort des
Systems.

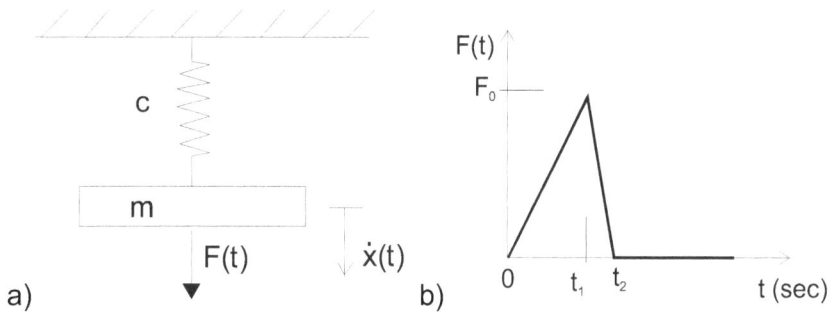

Bild 3.16.1 a) Ungedämpfter Einmassenschwinger; b) Last-Zeit-Funktion

LÖSUNG

Um die Bewegungsgleichungen aufstellen zu können, wird die Punktmasse wieder um den Weg x ausgelenkt. Dadurch entsteht in der Feder eine Federkraft F_F (Bild 3.18.2)

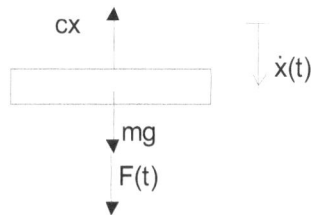

Bild 3.16.2 Schnittbild des ungedämpften Einmassenschwingers am ausgelenkten System

Aus der Gleichgewichtsbedingung in x-Richtung erhält man wieder eine inhomogene Differentialgleichung für das System

$$(3.16.1): \quad m\,\ddot{x} + c\,x = m\,g + F(t),$$

durch Division durch die Masse m lösbar und mit der Eigenkreisfre-

quenz $\omega = \sqrt{\dfrac{c}{m}}$

$$(3.16.2): \quad \ddot{x} + \omega^2 x = g + \frac{F(t)}{m}.$$

Der Term g liefert wieder die statische Auslenkung infolge des Eigengewichts.

Die Lösung des homogenen Systems lautet

$$(3.16.3): \quad x_{hom} = A \cos\omega t + B \sin\omega t,$$

die Lösung der inhomogenen Differentialgleichung wird durch einen
Partikularansatz bestimmt. Dazu muss der Zeitbereich in drei Bereiche aufgeteilt werden:

Bereich 1: $0 \le t \le t_1$:

Mit den Anfangsbedingungen $x_{01} = x_0$ und $\dot{x}_{01} = \dot{x}_0$.

Die Last-Zeit-Funktion

$$(3.16.4): \quad F_1(t) = \frac{F_0}{t_1} t$$

lässt sich über die Geradenfunktion mit der Zwei-Punkte-Formel bestimmen

$$(3.16.5): \quad \ddot{x} + \omega^2 x = g + \frac{1}{m} \frac{F_0}{t_1} t,$$

Mit dem partikulären Ansatz

$$(3.16.6): \quad x_{1\,part} = C_1 t + D_1$$

$$(3.16.7): \quad x_{1\,part} = \frac{1}{c}\frac{F_0}{t_1} t + \frac{gm}{c}.$$

Folgt die Gesamtlösung für x_{1ges}

$$(3.16.8): \quad x_{1\,ges} = A_1 \cos\omega t + B_1 \sin\omega t + \frac{mg}{c} + \frac{1}{c}\frac{F_0}{t_1} t.$$

Die Anfangsbedingungen x_{01} und $\dot{x}_{01}$ führen zu

$$(3.16.9): \quad A_1 = x_{01} - \frac{mg}{c},$$

$$(3.16.10): \quad B_1 = \frac{1}{\omega}\left(\dot{x}_{01} - \frac{1}{c}\frac{F_0}{t_1}\right).$$

$$(3.16.11): \quad x_{1\,ges} = \left(x_{01} - \frac{mg}{c}\right)\cos\omega t + \frac{1}{\omega}\left(\dot{x}_{01} - \frac{1}{c}\frac{F_0}{t_1}\right)\sin\omega t$$

$$+ \frac{mg}{c} + \frac{1}{c}\frac{F_0}{t_1} t,$$

$$(3.16.12): \quad \dot{x}_{1\,ges} = -\omega\left(x_{01} - \frac{mg}{c}\right)\sin\omega t + \left(\dot{x}_{01} - \frac{1}{c}\frac{F_0}{t_1}\right)\cos\omega t$$

$$+ \frac{1}{c}\frac{F_0}{t_1}.$$

Bereich 2: $t_1 \le t \le t_2$:

Mit der Geradengleichung für F(t)

$$(3.16.13): \quad F_2(t) = \frac{1}{m}\left[-\frac{F_0}{t_2 - t_1}t + F_0\frac{t_2}{t_2 - t_1} \right]$$

$$= \frac{1}{m}\left[\frac{F_0}{t_2 - t_1}(-t + t_2) \right],$$

Folgt die inhomogene Differentialgleichung

$$(3.16.14): \quad \ddot{x} + \omega^2 x = g + \frac{1}{m}\frac{F_0}{t_2 - t_1}(-t + t_2)$$

mit der Partikularlösung

$$(3.16.15): \quad x_{2part} = \frac{mg}{c} + \frac{1}{c}\frac{F_0}{t_2 - t_1}(t_2 - t).$$

Eingesetzt in die Gesamtlösung

$$(3.16.16): \quad x_{2ges} = A_2\cos\omega t + B_2\sin\omega t + \frac{mg}{c} + \frac{1}{c}\frac{F_0}{t_2 - t_1}(t_2 - t),$$

$$(3.16.17): \quad \dot{x}_{2ges} = -\omega A_2\sin\omega t + \omega B_2\cos\omega t - \frac{1}{c}\frac{F_0}{t_2 - t_1}.$$

So ergeben sich mit den Anfangsbedingungen ein Gleichungssystem für die Konstanten A_2 und B_2

$(3.16.18):$ $\quad x_{02}(t = t_1) = x_1(t_1) = (x_{01} - \dfrac{mg}{c})\cos\omega t_1$

$$+ \frac{1}{\omega}(\dot{x}_{01} - \frac{1}{c}\frac{F_0}{t_1})\sin\omega t_1 + \frac{mg}{c} + \frac{1}{c}\frac{F_0}{t_1}t_1,$$

$(3.16.19):$ $\quad \dot{x}_{02}(t = t_1) = \dot{x}_1(t_1) = -\omega(x_{01} - \dfrac{mg}{c})\sin\omega t_1$

$$+ (\dot{x}_{01} - \frac{1}{c}\frac{F_0}{t_1})\cos\omega t_1 + \frac{1}{c}\frac{F_0}{t_1}.$$

$(3.16.20):$ $\quad A_2\cos\omega t_1 + B_2\sin\omega t_1$

$$+ \frac{mg}{c} + \frac{1}{c}\frac{F_0}{t_2 - t_1}(t_2 - t_1) = (x_{01} - \frac{mg}{c})\cos\omega t_1$$

$$+ \frac{1}{\omega}(\dot{x}_{01} - \frac{1}{c}\frac{F_0}{t_1})\sin\omega t_1 + \frac{mg}{c} + \frac{1}{c}\frac{F_0}{t_1}t_1$$

$$\Rightarrow A_2\cos\omega t_1 + B_2\sin\omega t_1 = (x_{01} - \frac{mg}{c})\cos\omega t_1 + \frac{1}{\omega}(\dot{x}_{01} - \frac{1}{c}\frac{F_0}{t_1})\sin\omega t_1$$

$(3.16.21):$ $\quad -\omega A_2\sin\omega t_1 + \omega B_2\cos\omega t_1 - \dfrac{1}{c}\dfrac{F_0}{t_2 - t_1}$

$$= -\omega(x_{01} - \frac{mg}{c})\sin\omega t_1 + (\dot{x}_{01} - \frac{1}{c}\frac{F_0}{t_1})\cos\omega t_1 + \frac{1}{c}\frac{F_0}{t_1}$$

$$\Rightarrow -\omega A_2\sin\omega t_1 + \omega B_2\cos\omega t_1 = \frac{1}{c}\frac{F_0}{t_1(t_2 - t_1)}t_2 - \omega(x_{01} - \frac{mg}{c})\sin\omega t_1$$

$$+ (\dot{x}_{01} - \frac{1}{c}\frac{F_0}{t_1})\cos\omega t_1 ,$$

in Determinantenschreibweise

(3.16.22):

A_2	B_2	‖	rechte Seite
$\cos\omega t_1$	$\sin\omega t_1$	‖	$(x_{01} - \dfrac{mg}{c})\cos\omega t_1$ $+\dfrac{1}{\omega}(\dot{x}_{01} - \dfrac{1}{c}\dfrac{F_0}{t_1})\sin\omega t_1$
$-\omega\sin\omega t_1$	$\omega\cos\omega t_1$	‖	$\dfrac{1}{c}\dfrac{F_0}{t_2-t_1}\dfrac{t_2}{t_1} - \omega(x_{01}-\dfrac{mg}{c})\sin\omega t_1$ $+(\dot{x}_{01}-\dfrac{1}{c}\dfrac{F_0}{t_1})\cos\omega t_1$

(3.16.23):

A_2	B_2	‖	rechte Seite
a_{11}	a_{12}	‖	r_1
a_{21}	a_{22}	‖	r_2

Die Lösungen

(3.16.24): $\quad A_2 = \dfrac{r_1 a_{22} - r_2 a_{12}}{a_{11} a_{22} - a_{12} a_{21}}$,

(3.16.25): $\quad B_2 = \dfrac{-r_1 a_{21} + r_2 a_{11}}{a_{11} a_{22} - a_{12} a_{21}}$.

Bereich 3: $t_2 \leq t \leq t_3$:

(3.16.26): $\quad F_3(t) = 0$,

(3.16.27): $\quad \ddot{x} + \omega^2\, x = g.$

Damit ergeben sich die Lösungen zu

(3.16.28): $\quad x_{3\,ges} = A_3\, \cos\omega t + B_3\, \sin\omega t + \dfrac{mg}{c},$

(3.16.29): $\quad \dot{x}_{3\,ges} = -\,\omega A_3\, \sin\omega t + \omega B_3\, \cos\omega t$

und den Anfangsbedingungen

(3.16.30): $\quad x_{03}(t_2) = x_2(t_2)$

$$= A_2\, \cos\omega t_2 + B_2\, \sin\omega t_2 + \dfrac{mg}{c}$$

$$\Rightarrow A_3\, \cos\omega t_2 + B_3\, \sin\omega t_2 = A_2\, \cos\omega t_2 + B_2\, \sin\omega t_2 + \dfrac{mg}{c},$$

(3.16.31): $\quad \dot{x}_{03}(t_2) = \dot{x}_2(t_2)$

$$= -\,\omega A_2\, \sin\omega t_2 + \omega B_2\, \cos\omega t_2 - \dfrac{1}{c}\dfrac{F_0}{t_2 - t_1}$$

$$\Rightarrow -\omega A_3\, \sin\omega t_2 + \omega B_3\, \cos\omega t_2 = -\,\omega A_2\, \sin\omega t_2 + \omega B_2\, \cos\omega t_2 - \dfrac{1}{c}\dfrac{F_0}{t_2 - t_1}$$

Das Gleichungssystem in Determinantenschreibweise

(3.16.32):

A_3	B_3	$\|$	rechte Seite
$\cos\omega t_2$	$\sin\omega t_2$	$\|$	$A_2\, \cos\omega t_2 + B_2\, \sin\omega t_2$
$-\,\omega\, \sin\omega t_2$	$\omega\cos\omega t_2$	$\|$	$-\,\omega A_2\, \sin\omega t_2 + \omega B_2\, \cos\omega t_2 - \dfrac{1}{c}\dfrac{F_0}{t_2 - t_1}$

(3.16.33):

A_3	B_3	$\parallel$	rechte Seite
c_{11}	c_{12}	$\parallel$	d_1
c_{21}	c_{22}	$\parallel$	d_2

Die Lösungen

$$(3.16.34): \quad A_3 = \frac{d_1\,c_{22} - d_2 c_{12}}{c_{11}\,c_{22} - c_{12}\,c_{21}},$$

$$(3.16.35): \quad B_3 = \frac{-\,d_1\,c_{12} + d_2 c_{11}}{c_{11}\,c_{22} - c_{12}\,c_{21}}.$$

Damit ergeben sich die Gesamtlösungen zu

$$(3.16.36): \quad x_{3\,ges} = A_3\,\cos\omega t + B_3\,\sin\omega t + \frac{mg}{c},$$

$$(3.16.37): \quad \dot{x}_{3\,ges} = -\,\omega A_3\,\sin\omega t + \omega B_3\,\cos\omega t$$

AUSWERTUNG IN EXCEL-DIAGRAMMEN

Die Bilder 3.16.3 - 3.16.11 zeigen die Last-Zeit-Funktionen eines Systems unter der Belastung F_0=100 N, der Masse m=500 kg und der

Federsteifigkeit $c = 2000 \frac{N}{m}$, und die dazugehörigen Antworten, der

Verformungs- und Geschwindigkeits-Zeit-Funktionen für 3 Fälle.

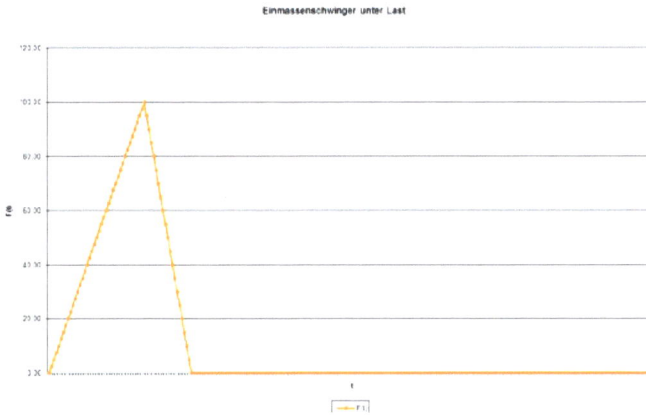

Bild 3.16.3 Einmassenschwingers unter einer Last-Zeitfunktion; t_1=2 sec, t_2=3 sec; Last-Zeit-Funktion; [bu-nd-ex-3-16-Last-zeit-schwing-Fall-1.xls]

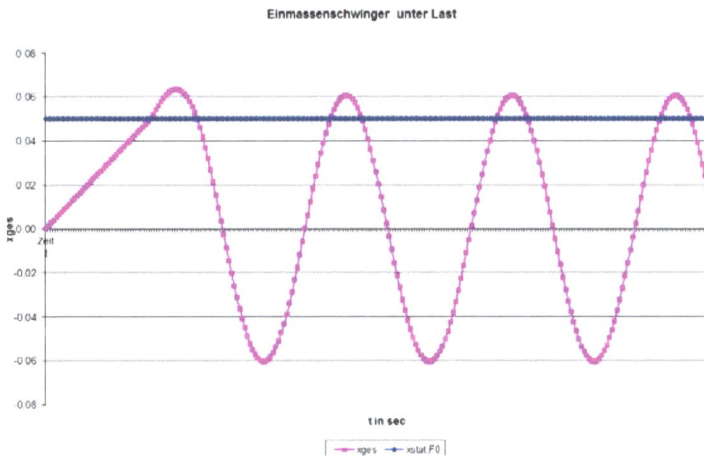

Bild 3.16.4 Einmassenschwingers unter einer Last-Zeitfunktion; t_1=2 sec, t_2=3 sec; Auslenkung x_{ges}

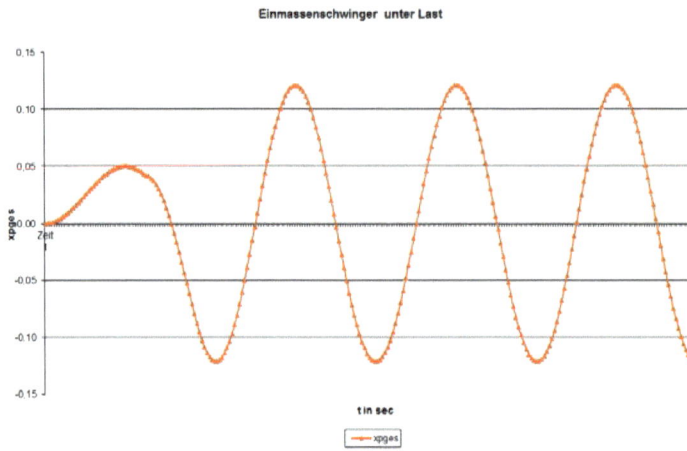

Bild 3.16.5 Einmassenschwingers unter einer Last-Zeitfunktion; t_1=2 sec, t_2=3 sec; Geschwindigkeit $\dot{x}_{ges}$

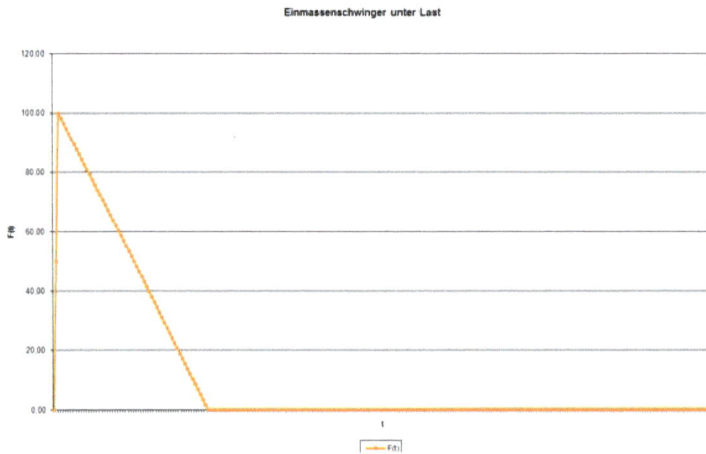

Bild 3.16.6 Einmassenschwingers unter einer Last-Zeitfunktion; t_1=0,1 sec, t_2=3 sec; Last-Zeit-Funktion; [bu-nd-ex-3-16-Last-zeit-schwing-Fall-2.xls]

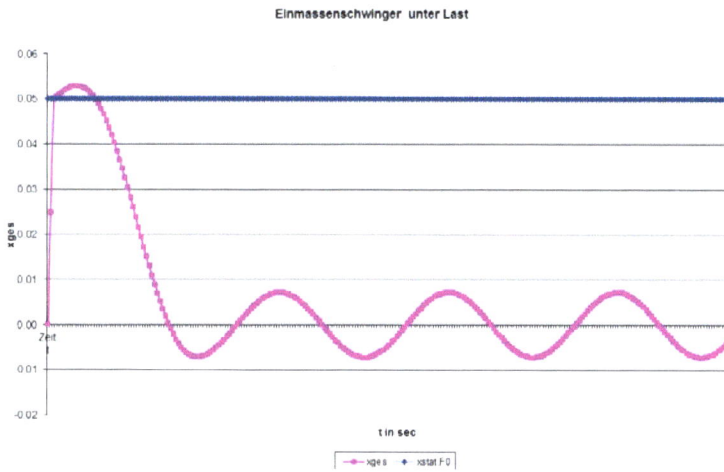

Einmassenschwinger unter Last

Bild 3.16.7 Einmassenschwingers unter einer Last-Zeitfunktion; t_1=0,1 sec, t_2=3 sec; Auslenkung x_{ges}

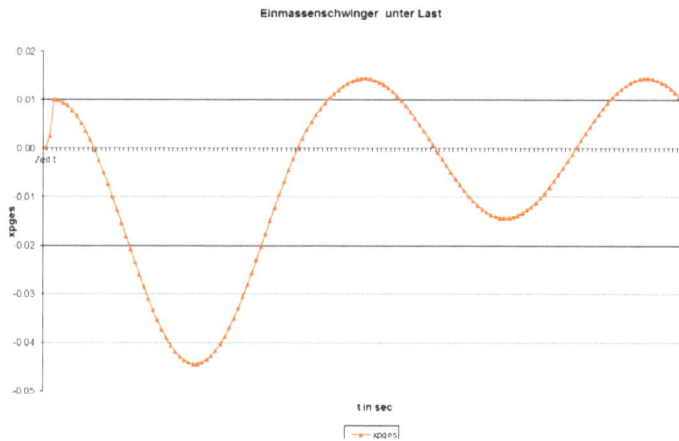

Einmassenschwinger unter Last

Bild 3.16.8 Einmassenschwingers unter einer Last-Zeitfunktion; t_1=0,1 sec, t_2=3 sec; Geschwindigkeit $\dot{x}_{ges}$

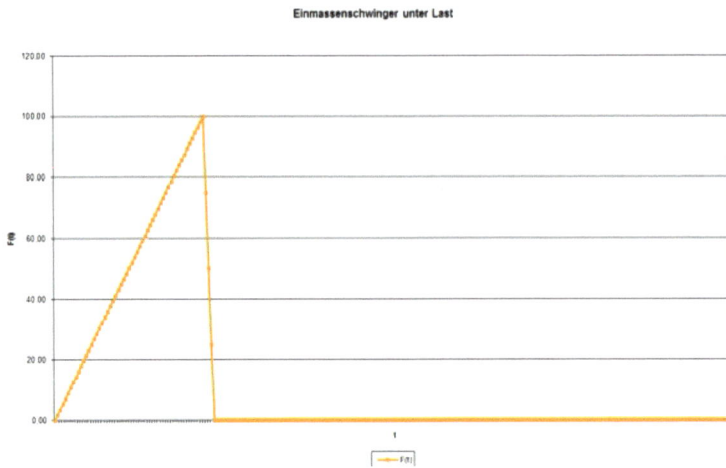

Bild 3.16.9 Einmassenschwingers unter einer Last-Zeitfunktion; t_1=2,8 sec, t_2=3 sec; Last-Zeit-Funktion; [bu-nd-ex-3-16-Last-zeit-schwing-Fall-3.xls]

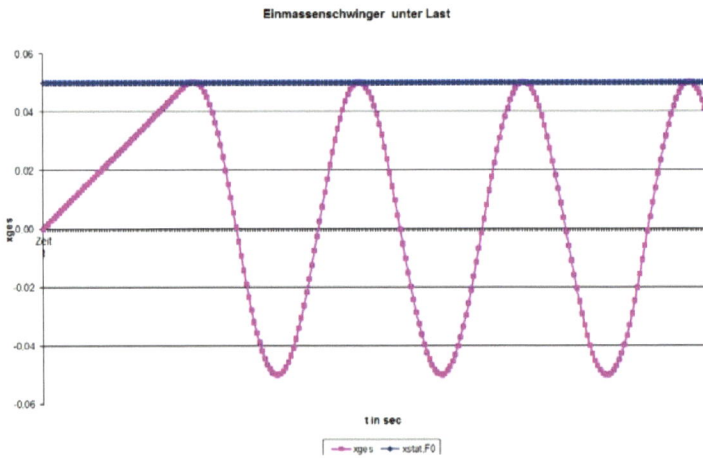

Bild 3.16.10 Einmassenschwingers unter einer Last-Zeitfunktion; t_1=2,8 sec, t_2=3 sec; Auslenkung x_{ges}

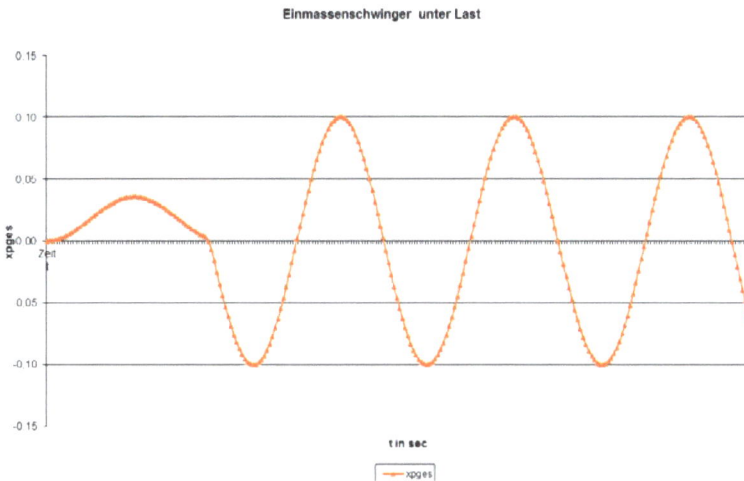

Bild 3.16.11 Einmassenschwingers unter einer Last-Zeitfunktion; t_1=2,8 sec, t_2=3 sec; Geschwindigkeit $\dot{x}_{ges}$

AUFGABE 3.17

o Bestimmung der Eigenkreisfrequenz eines Einmassenschwingers

o Bestimmung der Amplitude der Antwortfunktion unter einer Belastung F(t)

Ein gedämpfter Einmassenschwinger (Masse m, Federsteifigkeit c) wird mit den Anfangsbedingungen x_0 und $\dot{x}_0$ mit der Last-Zeitfunktion F(t) belastet.

gegeben: m, c, $\overline{F}(t) = F_0 \cos \Omega t$, x_0 , $\dot{x}_0$

gesucht: Bestimmung der Eigenkreisfrequenz und der Antwort des Systems.

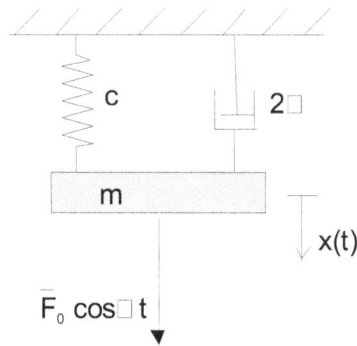

Bild 3.17.1 Gedämpfter Einmassenschwinger unter einer harmonischen

Einzelkraft $\overline{F}_0 \cos\Omega t$

LÖSUNG

Um die Bewegungsgleichungen aufstellen zu können, wird die Punktmasse wieder um den Weg x ausgelenkt. Dadurch entsteht in der Feder eine Federkraft F_F und eine Dämpferkraft F_D (Bild 3.4)

$(3.17.1):\quad F_D = 2\delta m\dot{x}.$

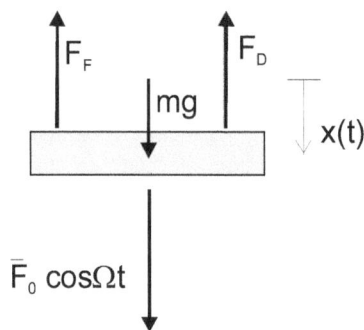

Bild 3.17.2 Schnittbild des gedämpften Einmassenschwingers am ausgelenkten System

Aus der Gleichgewichtsbedingung in x-Richtung erhält man die inhomogene Differentialgleichung für das System

$$(3.17.2): \quad m\ddot{x} + 2\delta m\dot{x} + cx = m\,g + \overline{F}_0 \cos \Omega t,$$

durch Division durch die Masse m lösbar wird

$$(3.17.3): \quad \ddot{x} + 2\delta\dot{x} + \omega^2 x = g + F_0 \cos \Omega t \ \text{ mit } \omega = \sqrt{\frac{c}{m}}.$$

Der Term g liefert wieder die statische Auslenkung infolge des Eigengewichts und wird im Folgenden wieder vernachlässigt.

Die Gesamtverschiebung x setzt sich aus der Lösung der homogenen Gleichung x_{hom} und der Lösung der partikulären Gleichung x_{part} zusammen.

Die Lösung des homogenen Systems lautet mit den freien Konstanten A und B.

$$(3.17.3): \quad x_{hom} = e^{-\delta t}(A \cos\omega t + B \sin\omega t).$$

Der Lösungsansatz für die partikuläre Lösung

$$(3.17.4): \quad \begin{aligned} x_{part} &= C \sin\Omega t + E \cos\Omega t, \\ \dot{x}_{part} &= \Omega\,(C \cos\Omega t - E \sin\Omega t), \\ \ddot{x}_{part} &= -\Omega^2(C \sin\Omega t + E \cos\Omega t) \end{aligned}$$

liefert durch den Koeffizientenvergleich

$$(3.17.5): \quad (\omega^2 - \Omega^2)E + 2\delta\Omega C = F_0$$

$$(3.17.6): \quad -2\delta\Omega E + (\omega^2 - \Omega^2)C = 0$$

die Koeffizienten C und E

$$(3.17.7): \quad C = \frac{2\,\delta\,\Omega\,F_0}{(\omega^2 - \Omega^2)^2 + (2\,\delta\,\Omega)^2},$$

$$(3.17.8): \quad E = \frac{(\omega^2 - \Omega^2)\,F_0}{(\omega^2 - \Omega^2)^2 + (2\,\delta\,\Omega)^2}.$$

In (3.17.4) eingesetzt lautet die partikuläre Lösung

$$(3.17.9): \quad x_{part} = \frac{2\,\delta\,\Omega\,F_0}{(\omega^2 - \Omega^2)^2 + (2\,\delta\,\Omega)^2}\sin\Omega t$$

$$+ \frac{(\omega^2 - \Omega^2)\,F_0}{(\omega^2 - \Omega^2)^2 + (2\,\delta\,\Omega)^2}\cos\Omega t.$$

Damit lautet die Gesamtlösung des gedämpften Einmassenschwingers

$$(3.17.10): \quad x_{ges} = e^{-\delta t}(A\cos\omega t + B\sin\omega t)$$

$$+ \frac{2\,\delta\,\Omega\,F_0}{(\omega^2 - \Omega^2)^2 + (2\,\delta\,\Omega)^2}\sin\Omega t$$

$$+ \frac{(\omega^2 - \Omega^2)\,F_0}{(\omega^2 - \Omega^2)^2 + (2\,\delta\,\Omega)^2}\cos\Omega t$$

$$(3.17.11): \quad \dot{x}_{ges} = \omega\, e^{-\delta t}(-A\,\sin\omega t + B\,\cos\omega t)$$

$$- \delta\, e^{-\delta t}(A\,\cos\omega t + B\,\sin\omega t)$$

$$+ \frac{2\,\delta\,\Omega^2\,F_0}{(\omega^2 - \Omega^2)^2 + (2\,\delta\,\Omega)^2}\,\cos\Omega t$$

$$- \frac{(\omega^2 - \Omega^2)\Omega\,F_0}{(\omega^2 - \Omega^2)^2 + (2\,\delta\,\Omega)^2}\,\sin\Omega t$$

Mit den Anfangsbedingungen erhält man aus der Gesamtlösung die konstanten A und B

$$(3.17.12): \quad x_0 = A - \frac{(\omega^2 - \Omega^2)\,F_0}{(\omega^2 - \Omega^2)^2 + (2\,\delta\,\Omega)^2}$$

$$\Rightarrow \quad A = x_0 + \frac{(\omega^2 - \Omega^2)\,F_0}{(\omega^2 - \Omega^2)^2 + (2\,\delta\,\Omega)^2}$$

$$(3.17.13): \quad \dot{x}_0 = \omega\,B - \delta\,\Bigl(x_0 + \frac{(\omega^2 - \Omega^2)\,F_0}{(\omega^2 - \Omega^2)^2 + (2\,\delta\,\Omega)^2}\Bigr)$$

$$- \frac{2\,\delta\,\Omega^2\,F_0}{(\omega^2 - \Omega^2)^2 + (2\,\delta\,\Omega)^2}$$

$$\Rightarrow \quad B = \frac{\dot{x}_0}{\omega} + \frac{\delta}{\omega}\Bigl(x_0 + \frac{(\omega^2 - \Omega^2)\,F_0}{(\omega^2 - \Omega^2)^2 + (2\,\delta\,\Omega)^2}\Bigr)$$

$$+ \frac{2\,\delta\,\Omega^2\,F_0}{\omega\,((\omega^2 - \Omega^2)^2 + (2\,\delta\,\Omega)^2)}$$

$$= \frac{\dot{x}_0}{\omega} + \frac{\delta}{\omega}(x_0 - E) + \frac{C}{\omega}\,.$$

AUFGABE 3.18

○ Bestimmung der horizontalen Ersatzsteifigkeit des Systems

Ein Rahmen wird von einem Federsystem abgestützt.

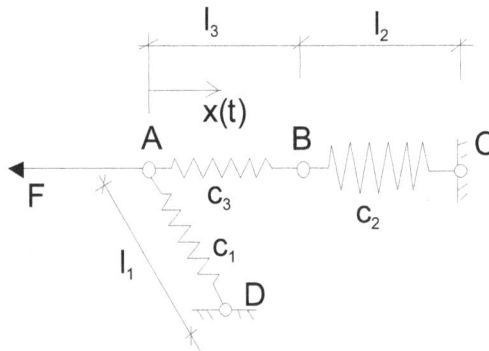

Bild 3.18.1 Federsystem

gegeben: a, c_1, c_2, c_3

gesucht: Bestimmung der horizontalen Ersatzsteifigkeit des Systems in A

LÖSUNG

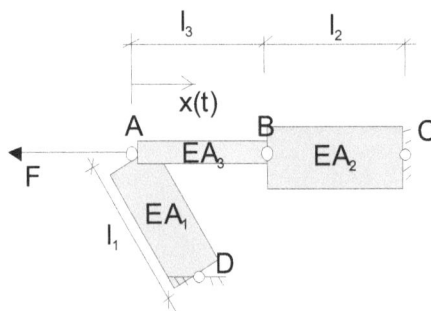

Bild 3.18.2 Ersatzsystem

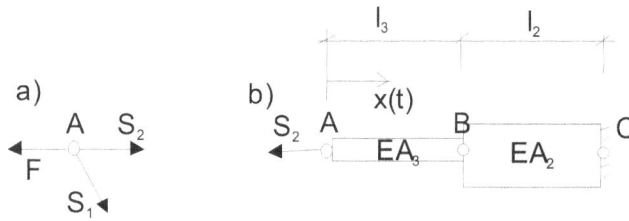

Bild 3.18.3 Schnittbild; a) Kräfte am Knoten a; b) Druck-Zug-Stab

Im Bereich der linearen Elastizitätstheorie (kleine Verformungen!) wird die Kraft S_1 zu Null.

Aus der Gleichgewichtsbedingung in x-Richtung erhält man

$$(3.18.1): \quad \rightarrow : 1\,N = S_2 ,$$

$$(3.18.2): \quad \uparrow : S_{1V} = 0 \quad \Rightarrow \quad S_1 = 0.$$

Damit ergibt sich die horizontale Verschiebung in A aus dem Druck-Zug-Stab zu

$$(3.18.3): \quad u(0) = \Delta l = \frac{S_2\, l_3}{EA_3} + \frac{S_2\, l_2}{EA_2} .$$

Mit $S_2 = 1\,N$

$$(3.18.4): \quad u(0) = \Delta l = \frac{1 l_3}{EA_3} + \frac{1 l_2}{EA_2} .$$

Die Ersatzsteifigkeit ist dann

$$(3.18.5): \quad c_{ers} = \frac{1}{\Delta l} = \frac{1}{\dfrac{1 l_3}{EA_3} + \dfrac{1 l_2}{EA_2}} \ .$$

Hier können Sie eine kostenlose Strategie-Session buchen oder schreiben Sie mir, wenn Ihnen dieses Buch gefällt und Sie Anregungen oder Fragen haben.

Hier kommen Sie zum kostenlosen Bonusmaterial zum Buch.

Besuchen Sie auch meinen Blog „Selbstführung & Produktivität". Ich helfe Ihnen, bessere Ergebnisse zu erzielen.

AUFGABEN ZU KAPITEL 4

AUFGABE 4.1

o   Schwinger mit zwei Freiheitsgraden (FHG)

o   Antwort des Systems

Ein Zweimassensystem ist gegeben und wird durch eine harmonische Belastung angeregt.

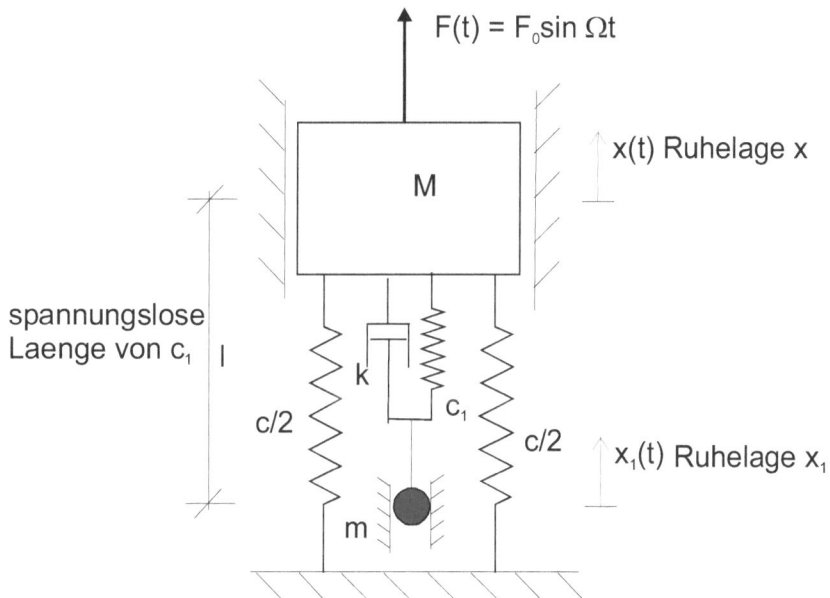

Bild 4.11. Zweimassensystem mit einer harmonischen Belastung

gegeben: c, c_1, M, m, l, $F(t)$

gesucht: Die Eigenkreisfrequenzen und die Antwort des Systems unter der Belastung $F(t)$

LÖSUNG

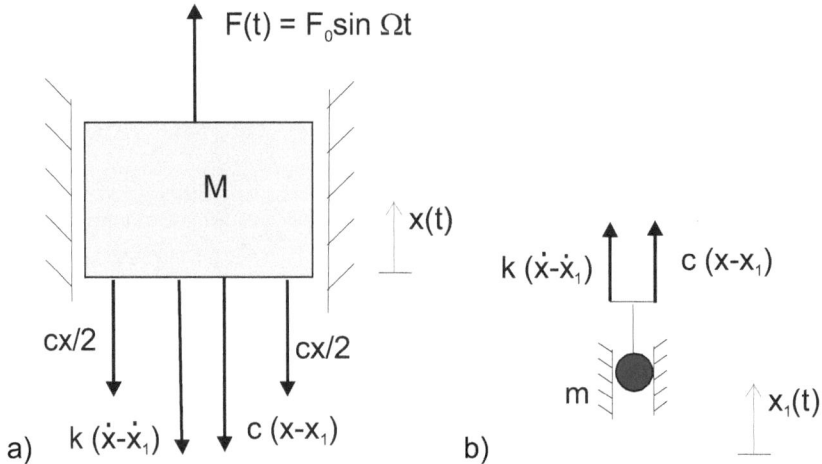

Bild 4.1.2 Schnittbild in der ausgelenkten Lage um die statische Ruhelage; a) Masse M; b) Masse m

Die NEWTONsche Bewegungsgleichungen lauten

$$(4.1.1): \quad M\ddot{x} = F_0 \sin\Omega t - 2\frac{1}{2}cx - c_1(x - x_1) - k(\dot{x} - \dot{x}_1),$$

$$(4.1.2): \quad m\ddot{x}_1 = c_1(x - x_1) + k(\dot{x} - \dot{x}_1).$$

M g und m g werden vernachlässigt, wenn das System um die statische Ruhelage schwingt. Die Dämpfung wird jetzt ebenfalls vernachlässigt, um das Prinzip darzustellen

$$(4.1.3): \quad \ddot{x} = \frac{F_0}{M}\sin\Omega t - \frac{c}{M}x - \frac{c_1}{M}(x - x_1)$$

$$\Rightarrow \quad \ddot{x} + (\frac{c}{M} + \frac{c_1}{M})x + \frac{c_1}{M}x_1 = \frac{F_0}{M}\sin\Omega t,$$

$$(4.1.4): \quad \ddot{x}_1 = \frac{c_1}{m}(x - x_1) \qquad \Rightarrow \qquad \ddot{x}_1 + \frac{c_1}{m} x_1 - \frac{c_1}{m} x = 0.$$

Das ist ein System von gekoppelten Differentialgleichungen. Mit dem Ansatz

$$(4.5): \quad x = A \cos(\omega t - \varphi) \quad , \qquad \ddot{x} = -\omega^2 A \cos(\omega t - \varphi).$$

$$(4.1.6): \quad x_1 = A_1 \cos(\omega t - \varphi), \qquad \ddot{x}_1 = -\omega^2 A_1 \cos(\omega t - \varphi).$$

Das homogene Differentialgleichungssystem für das Eigenwertproblem lautet

$$(4.1.7): \quad -\omega^2 A + (\frac{c}{M} + \frac{c_1}{M})A + \frac{c_1}{M} A_1 = 0,$$

$$(4.1.8): \quad -\omega^2 A_1 + \frac{c_1}{m} A_1 - \frac{c_1}{m} A = 0.$$

Die Koeffizientendeterminante=0 liefert mit den Konstanten A, A_1 die Eigenkreisfrequenzen.

	A	A_1	rechte Seite
$(4.1.9):$	$-\omega^2 + (\frac{c}{M} + \frac{c_1}{M})$	$-\frac{c_1}{M}$	0
	$-\frac{c_1}{m}$	$-\omega^2 + \frac{c_1}{m}$	0

$$(4.1.10): \quad (-\omega^2 + (\frac{c}{M} + \frac{c_1}{M}))(-\omega^2 + \frac{c_1}{m}) - (-\frac{c_1}{M})(-\frac{c_1}{m}) = 0,$$

$$(4.1.11): \quad \omega^4 - \omega^2(\frac{c}{M} + \frac{c_1}{M} + \frac{c_1}{m}) + \frac{c}{M}\frac{c_1}{m} + \frac{c_1}{M}\frac{c_1}{m} - \frac{c_1}{m}\frac{c_1}{M} = 0$$

$$\Rightarrow \quad \omega^4 - \omega^2(\frac{c}{M} + \frac{c_1}{M} + \frac{c_1}{m}) + \frac{c}{M}\frac{c_1}{m} = 0,$$

$$(4.1.12): \quad \omega_{1,2}^2 = \frac{1}{2}(\frac{c}{M} + \frac{c_1}{M} + \frac{c_1}{m}) \pm \sqrt{\frac{1}{4}(\frac{c}{M} + \frac{c_1}{M} + \frac{c_1}{m})^2 - \frac{c}{M}\frac{c_1}{m}},$$

$$(4.1.13): \quad \omega_{1,2}^2 = \frac{Mc_1 + m(c + c_1)}{2Mm}$$
$$\pm \sqrt{\frac{(Mc_1 + m(c+c_1))^2 - 4(c\,c_1\,Mm)^2}{4M^2m^2}}.$$

Die homogenen Lösungen klingen bei realen Schwingungen durch die immer vorhandene Dämpfung mit der Zeit t ab.

Durch die Einführung der neuen Bezeichnungen lassen sich eine Hauptfrequenz

$$(4.1.14): \quad \omega_H^2 = \frac{c}{M}$$

und eine Trägerfrequenz

$$(4.1.15): \quad \omega_T^2 = \frac{c_1}{m},$$

einführen. Das Massenverhältnis ist

$$(4.1.16): \quad \mu = \frac{m}{M}$$

und der Erweiterung

$$(4.1.17): \quad \frac{c_1}{M} = \frac{c_1}{m}\frac{m}{M} = \mu\,\omega_T^{\,2}$$

lässt sich das Differentialgleichungssystem umschreiben zu

$$(4.1.18): \quad \ddot{x} + (\omega_H^{\,2} + \mu\omega_T^{\,2})x - \mu\omega_T^{\,2}x_1 = \frac{F_0}{M}\sin\Omega t,$$

$$(4.1.19): \quad \ddot{x}_1 + \omega_T^{\,2}(x_1 - x) = 0.$$

Mit dem Ansatz „vom Typ der rechten Seite" für die partikulare Lösung

$$(4.1.20): \quad x_{part} = A\sin(\Omega t), \qquad \ddot{x}_{part} = -\Omega^2 A\sin(\Omega t),$$

$$(4.1.21): \quad x_{1part} = A_1\sin(\Omega t), \qquad \ddot{x}_{1part} = -\Omega^2 A_1\sin(\Omega t).$$

ergeben sich, eingesetzt in (4.1.18), (4.1.19)

$$(4.1.22): \quad -\Omega^2 A\sin(\Omega t) + (\omega_H^{\,2} + \mu\omega_T^{\,2})\,A\sin(\Omega t)$$
$$-\mu\omega_T^{\,2}\,A_1\sin(\Omega t) = \frac{F_0}{M}\sin\Omega t,$$

$$(4.1.23): \quad -\Omega^2 A_1\sin(\Omega t) + \omega_T^{\,2}(A_1\sin(\Omega t) - A\sin(\Omega t)) = 0.$$

Mit dem Koeffizientenvergleich ergibt sich

$$(4.1.24): \quad A(-\Omega^2 + \omega_H{}^2 + \mu\omega_T{}^2) - \mu\omega_T{}^2 A_1 = \frac{F_0}{M},$$

$$(4.1.25): \quad -\omega_T{}^2 A + A_1(-\Omega^2 + \omega_T{}^2) = 0.$$

$(4.1.26):$

A	A_1	rechte Seite
$-\Omega^2 + \omega_H{}^2 + \mu\omega_T{}^2$	$-\mu\omega_T{}^2$	$\dfrac{F_0}{M}$
$-\omega_T{}^2$	$-\Omega^2 + \omega_T{}^2$	0

Daraus folgt

$(4.1.27):$

$$A = \frac{-\dfrac{F_0}{M}(-\Omega^2 + \omega_T{}^2)}{(-\Omega^2 + \omega_H{}^2 + \mu\omega_T{}^2)(-\Omega^2 + \omega_T{}^2) - (-\mu\omega_T{}^2)(-\omega_T{}^2)},$$

$(4.1.28):$

$$A_1 = \frac{-\dfrac{F_0}{M}(-\omega_T{}^2)}{(-\Omega^2 + \omega_H{}^2 + \mu\omega_T{}^2)(-\Omega^2 + \omega_T{}^2) - (-\mu\omega_T{}^2)(-\omega_T{}^2)}.$$

Die Amplituden A, A_1 sind eindeutig für $\Omega \neq \omega_1$, $\Omega \neq \omega_2$ bestimmt.

(4.1.29):

$$x_{part} = \frac{-\dfrac{F_0}{M}(-\Omega^2 + \omega_T{}^2)\sin(\Omega t)}{(-\Omega^2 + \omega_H{}^2 + \mu\omega_T{}^2)(-\Omega^2 + \omega_T{}^2) - (-\mu\omega_T{}^2)(-\omega_T{}^2)},$$

(4.1.30):

$$x_{1part} = \frac{\dfrac{F_0}{M}\omega_T{}^2\sin(\Omega t)}{(-\Omega^2 + \omega_H{}^2 + \mu\omega_T{}^2)(-\Omega^2 + \omega_T{}^2) - (-\mu\omega_T{}^2)(-\omega_T{}^2)}.$$

Die folgenden Bilder zeigen die Antwort des Zweimassenschwingers im eingeschwungenen Zustand für Variation des Massenverhält-nisses. Die Zahlenwerte sind für die Hauptfrequenz $\omega_H{}^2 = 40\,\dfrac{1}{sec^2}$ und die Trägerfrequenz $\omega_T{}^2 = 40\,\dfrac{1}{sec^2}$.

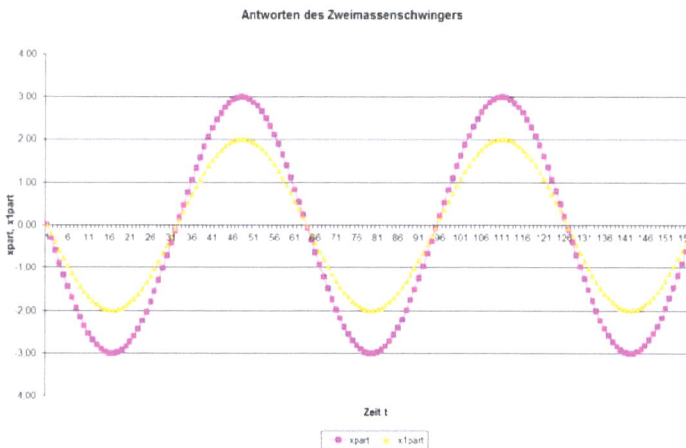

Bild 4.1.3 Antworten des Zweimassensystems im eingeschwungenen Zustand für das Massenverhältnis $\mu = 1$; [bu-nd-ex-4-1-1-Zweimassenschwinger.xls]

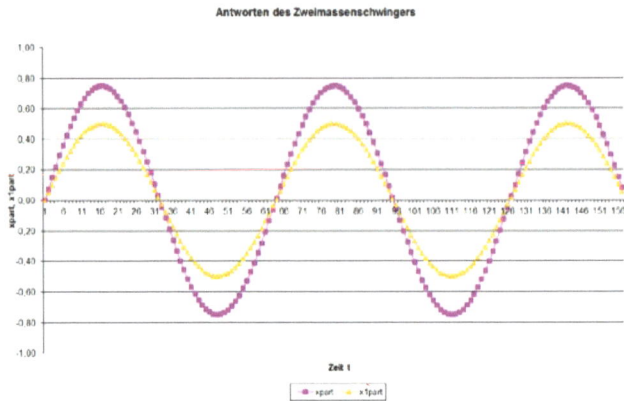

Bild 4.1.4 Antworten des Zweimassensystems im eingeschwungenen Zustand für das Massenverhältnis $\mu = 0{,}5$; [bu-nd-ex-4-1-05-Zweimassenschwinger.xls]

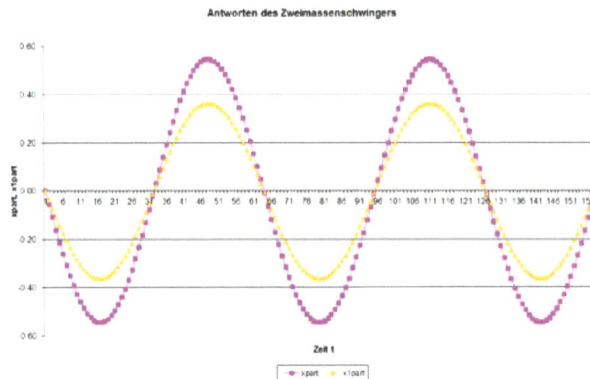

Bild 4.1.5 Antworten des Zweimassensystems im eingeschwungenen Zustand für das Massenverhältnis $\mu = 2$; [bu-nd-ex-4-1-2-Zweimassenschwinger.xls]

Die folgenden Bilder zeigen die Antwort des Zweimassenschwingers im eingeschwungenen Zustand für die Variation der Frequenzverhältnisse. Die Zahlenwerte sind für das Massenverhältnis $\mu = 0{,}5$.

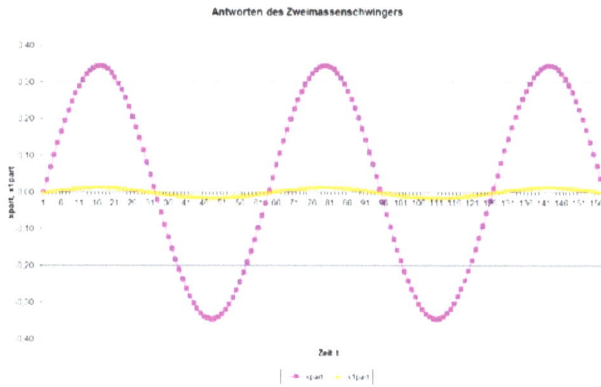

Antworten des Zweimassenschwingers

Bild 4.1.6 Antworten des Zweimassensystems im eingeschwungenen

Zustand für $\omega_H^2 = 40\,\dfrac{1}{sec^2}$, $\omega_T^2 = 4\,\dfrac{1}{sec^2}$; [bu-nd-ex-4-1-05a-

Zweimassenschwinger.xls]

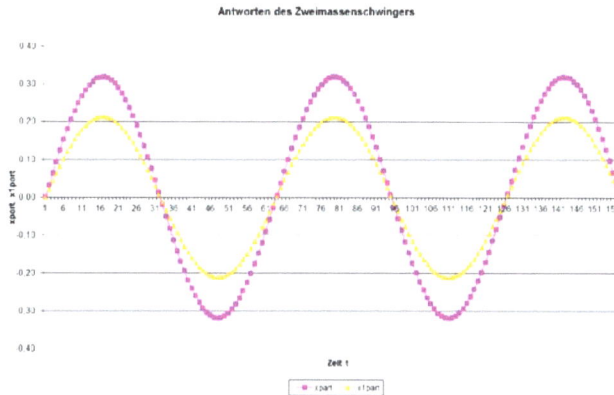

Antworten des Zweimassenschwingers

Bild 4.1.7 Antworten des Zweimassensystems im eingeschwungenen

Zustand für $\omega_H^2 = 4\,\dfrac{1}{sec^2}$, $\omega_T^2 = 40\,\dfrac{1}{sec^2}$; [bu-nd-ex-4-1-05b-

Zweimassenschwinger.xls]

Vergrößerungsfunktion

Die größte Amplitude hat die Antwort für $\sin\Omega t = 1$. Die statische Auslenkung unter der Last F_0 ist

$$(4.1.31): \quad x_{stat} = \frac{F_0}{c}.$$

Die größte Auslenkung durch die statische Auslenkung geteilt, ergibt

die Vergrößerungsfunktion über den Wert $\frac{\omega}{\Omega}$ aufgetragen.

$(4.1.32):$

$$V = \frac{x_{part,max}}{x_{stat}}$$

$$= \frac{-\dfrac{c}{M}(-\Omega^2 + \omega_T{}^2)}{(-\Omega^2 + \omega_H{}^2 + \mu\omega_T{}^2)(-\Omega^2 + \omega_T{}^2) - (-\mu\omega_T{}^2)(-\omega_T{}^2)},$$

$(4.1.33):$

$$V_1 = \frac{x_{1part,max}}{x_{stat}}$$

$$= \frac{\dfrac{c}{M}\omega_T{}^2}{(-\Omega^2 + \omega_H{}^2 + \mu\omega_T{}^2)(-\Omega^2 + \omega_T{}^2) - (-\mu\omega_T{}^2)(-\omega_T{}^2)}.$$

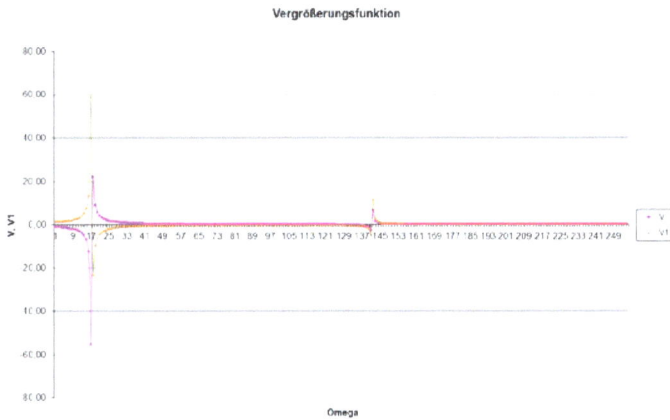

Vergrößerungsfunktion

Bild 4.1.8 Vergrößerungsfunktion des Zweimassensystems im einge-

schwungenen Zustand für $\mu = 0,5$, $\omega_H^2 = 4\dfrac{1}{\sec^2}$, $\omega_T^2 = 80\dfrac{1}{\sec^2}$;

[bu-nd-ex-4-1-05b-Zweimassenschwinger.xls] Diagramm2

AUFGABE 4.2

o Schwinger mit zwei Freiheitsgraden (FHG)

o Antwort des Systems

Ein Zweimassensystem ist gegeben und wird durch eine harmonische Belastung angeregt.

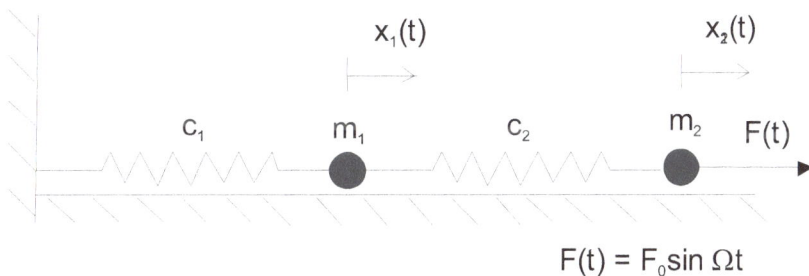

$F(t) = F_0 \sin \Omega t$

Bild 4.2.1 Zweimassensystem mit einer harmonischen Belastung

gegeben: c_1, c_2, m_1, m_2, $F(t)$

gesucht: Die Eigenkreisfrequenzen und die Antwort des Systems unter der Belastung F(t)

LÖSUNG

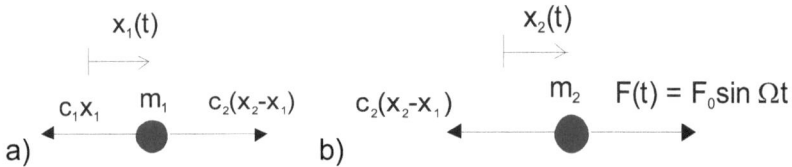

Bild 4.2.2 Schnittbild in der ausgelenkten Lage um die statische Ruhelage; a) Masse m_1; b) Masse m_2

NEWTONsche Bewegungsgleichungen

$$(4.2.1): \quad m_1\,\ddot{x}_1 = -c_1\,x_1 + c_2(x_2 - x_1)\,,$$

$$(4.2.2): \quad m_2\,\ddot{x}_2 = -c_2(x_2 - x_1) + F_0\,\sin\Omega t\,,$$

umgestellt und ausgeklammert

$$(4.2.3): \quad m_1\,\ddot{x}_1 + c_1\,x_1 + c_2\,x_1 - c_2 x_2 = 0\,,$$

$$(4.2.4): \quad m_2\,\ddot{x}_2 - c_2\,x_1 + c_2 x_2 = F_0\,\sin\Omega t\,.$$

Das ist ein System von gekoppelten Differentialgleichungen. Mit dem Ansatz

$$(4.2.5): \quad x_1 = A_1\cos(\omega t - \varphi), \quad \ddot{x}_1 = -\omega^2\,A_1\cos(\omega t - \varphi),$$

$$(4.2.6): \quad x_2 = A_2 \cos(\omega t - \varphi), \quad \ddot{x}_2 = -\omega^2 A_2 \cos(\omega t - \varphi).$$

Das Differentialgleichungssystem lautet für das homogene System

$$(4.2.7): \quad -m_1 \omega^2 A_1 \cos(\omega t - \varphi) + c_1 A_1 \cos(\omega t - \varphi)$$
$$+ c_2 A_1 \cos(\omega t - \varphi) - c_2 A_2 \cos(\omega t - \varphi) = 0,$$

$$(4.2.8): \quad -m_2 \omega^2 A_2 \cos(\omega t - \varphi) - c_2 A_1 \cos(\omega t - \varphi)$$
$$+ c_2 A_2 \cos(\omega t - \varphi) = 0.$$

Umgestellt erhält man

$$(4.2.9): \quad -m_1 \omega^2 A_1 + c_1 A_1 + c_2 A_1 - c_2 A_2 = 0$$
$$\Rightarrow \quad A_1(-m_1 \omega^2 + c_1 + c_2) - c_2 A_2 = 0,$$

$$(4.2.10): \quad -m_2 \omega^2 A_2 - c_2 A_1 + c_2 A_2 = F_0 \tan\Omega t$$
$$\Rightarrow \quad A_2(-m_2 \omega^2 + c_2) - c_2 A_1 = 0.$$

Die Koeffizientendeterminante=0 liefert mit den Konstanten A_1, A_2 die Eigenkreisfrequenzen

	A_1	A_2	rechte Seite
$(4.2.11):$	$-m_1 \omega^2 + c_1 + c_2$	$-c_2$	0
	$-c_2$	$-m_2 \omega^2 + c_2$	0

$$(4.2.12): \quad (-m_1 \omega^2 + c_1 + c_2)(-m_2 \omega^2 + c_2) - c_2^2 = 0,$$

$$(4.2.13): \quad \omega^4 m_1 m_2 - \omega^2 (c_1 m_2 + c_2 m_2 + c_2 m_1)^2 + c_1 c_2 = 0,$$

$$(4.2.14): \quad \omega^4 - \omega^2 (\frac{c_1}{m_1} + \frac{c_2}{m_1} + \frac{c_2}{m_2})^2 + \frac{c_1}{m_1} \frac{c_2}{m_2} = 0,$$

$$(4.2.15): \quad \omega_{1,2}^2 = \frac{1}{2}(\frac{c_1}{m_1} + \frac{c_2}{m_1} + \frac{c_2}{m_2})$$
$$\pm \sqrt{\frac{1}{4}(\frac{c_1}{m_1} + \frac{c_2}{m_1} + \frac{c_2}{m_2})^2 - \frac{c_1}{m_1}\frac{c_2}{m_2}}.$$

Die homogenen Lösungen klingen bei realen Schwingungen durch die immer vorhandene Dämpfung mit der Zeit t ab.

Durch die Einführung der neuen Bezeichnungen lassen sich die Hauptfrequenz

$$(4.2.16): \quad \omega_H^2 = \frac{c}{m_1},$$

die Trägerfrequenz

$$(4.2.17): \quad \omega_T^2 = \frac{c_1}{m_2},$$

das Massenverhältnis

$$(4.2.18): \quad \mu = \frac{m_2}{m_1}$$

und der Erweiterung

(4.2.19): $\quad \dfrac{c_2}{m_1} = \dfrac{c_2}{m_2}\dfrac{m_2}{m_1} = \mu\,\omega_T^{\,2}$

lässt sich das Differentialgleichungssystem umschreiben zu

(4.2.20): $\quad \ddot{x}_1 + (\omega_H^{\,2} + \mu\omega_T^{\,2})x_1 - \mu\omega_T^{\,2}x_2 = 0,$

(4.2.21): $\quad \ddot{x}_2 + \omega_T^{\,2}(x_2 - x_1) = \dfrac{F_0}{m_2}\sin\Omega t.$

Die Ansätze „vom Typ der rechten Seite" für die partikulare Lösung lauten

(4.2.22): $\quad x_{part} = A\sin(\Omega t), \qquad \ddot{x}_{part} = -\Omega^2 A\sin(\Omega t),$

(4.2.23): $\quad x_{1part} = A_1\sin(\Omega t), \qquad \ddot{x}_{1part} = -\Omega^2 A_1\sin(\Omega t).$

Eingesetzt in (4.2.22), (4.2.23)

(4.2.24): $\quad -\Omega^2 A\sin(\Omega t) + (\omega_H^{\,2} + \mu\omega_T^{\,2})\,A\sin(\Omega t)$
$\qquad\quad -\mu\omega_T^{\,2} A_1\sin(\Omega t) = 0,$

(4.2.25): $\quad -\Omega^2 A_1\sin(\Omega t) + \omega_T^{\,2}(A_1\sin(\Omega t) - A\sin(\Omega t))$
$\qquad\quad = \dfrac{F_0}{m_2}\sin\Omega t.$

Mit dem Koeffizientenvergleich ergibt sich

$(4.2.26)$: $\quad A_1(-\Omega^2 + \omega_H{}^2 + \mu\omega_T{}^2) - \mu\omega_T{}^2 A_2 = 0$,

$(4.2.27)$: $\quad -\omega_T{}^2 A_1 + A_2(-\Omega^2 + \omega_T{}^2) = \dfrac{F_0}{m_2}$.

	A_1	A_2	rechte Seite
$(4.2.28)$:	$.-\Omega^2 + \omega_H{}^2 + \mu\omega_T{}^2$	$-\mu\omega_T{}^2$	0
	$-\omega_T{}^2$	$-\Omega^2 + \omega_T{}^2$	$\dfrac{F_0}{m_2}$

Daraus folgt

$(4.2.29)$:

$$A_1 = \frac{\dfrac{F_0}{m_2}\mu\omega_T{}^2}{(-\Omega^2 + \omega_H{}^2 + \mu\omega_T{}^2)(-\Omega^2 + \omega_T{}^2) - (-\mu\omega_T{}^2)(-\omega_T{}^2)},$$

$(4.2.30)$:

$$A_2 = \frac{\dfrac{F_0}{m_2}(-\Omega^2 + \omega_H{}^2 + \mu\omega_T{}^2)}{(-\Omega^2 + \omega_H{}^2 + \mu\omega_T{}^2)(-\Omega^2 + \omega_T{}^2) - (-\mu\omega_T{}^2)(-\omega_T{}^2)}.$$

Die Amplituden A_1, A_2 sind eindeutig für $\Omega \neq \omega_1$, $\Omega \neq \omega_2$ bestimmt.

(4.2.31):

$$x_{1part} = \frac{\dfrac{F_0}{m_2}\,\mu\omega_T{}^2\sin(\Omega t)}{(-\Omega^2 + \omega_H{}^2 + \mu\omega_T{}^2)(-\Omega^2 + \omega_T{}^2) - (-\mu\omega_T{}^2)(-\omega_T{}^2)},$$

(4.2.32):

$$x_{2part} = \frac{\dfrac{F_0}{m_2}(-\Omega^2 + \omega_H{}^2 + \mu\omega_T{}^2)\sin(\Omega t)}{(-\Omega^2 + \omega_H{}^2 + \mu\omega_T{}^2)(-\Omega^2 + \omega_T{}^2) - (-\mu\omega_T{}^2)(-\omega_T{}^2)}.$$

Die folgenden Bilder zeigen die Antwort des Zweimassenschwingers im eingeschwungenen Zustand für Variation des Massenverhältnisses. Die Zahlenwerte sind für die Hauptfrequenz $\omega_H{}^2 = 40\,\dfrac{1}{\sec^2}$ und die Trägerfrequenz $\omega_T{}^2 = 40\,\dfrac{1}{\sec^2}$.

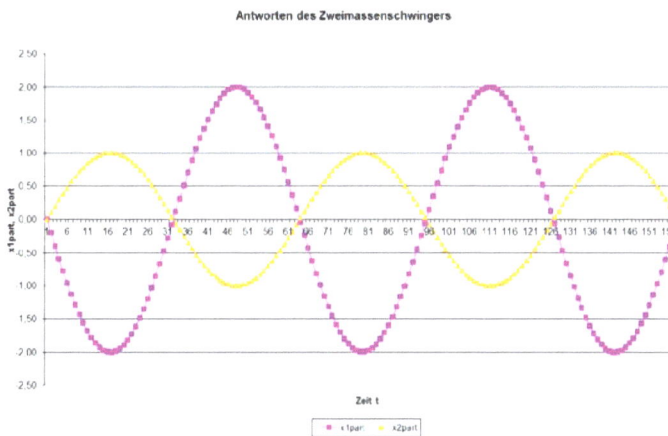

Bild 4.2.3 Antworten des Zweimassensystems im eingeschwungenen Zustand für $\mu = 1$; [bu-nd-ex-4-2-1-Zweimassenschwinger.xls]

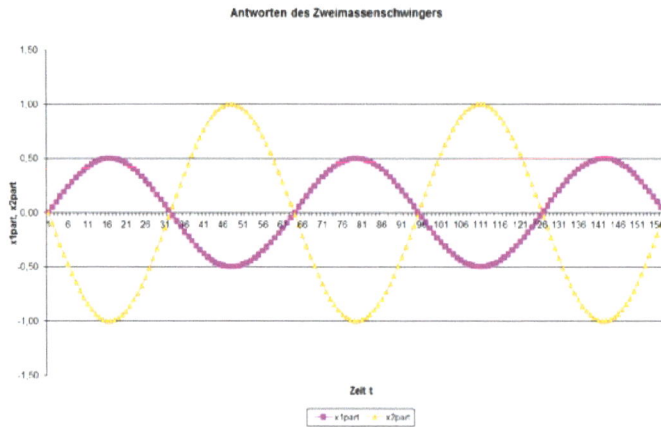

Antworten des Zweimassenschwingers

Bild 4.2.4 Antworten des Zweimassensystems im eingeschwungenen Zustand für $\mu = 0{,}5$; [bu-nd-ex-4-2-05-Zweimassenschwinger.xls]

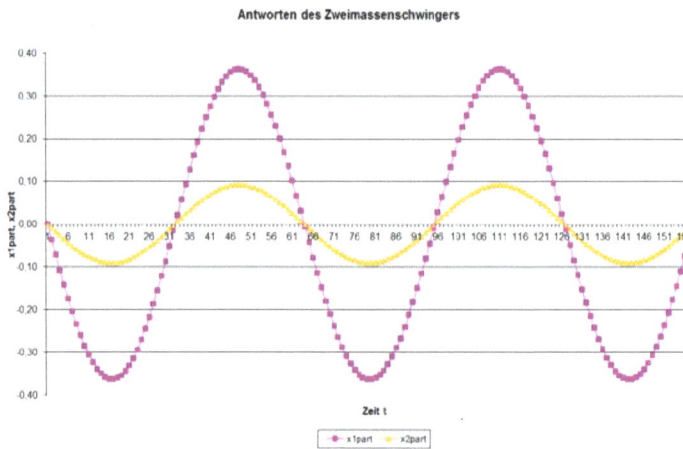

Antworten des Zweimassenschwingers

Bild 4.2.5 Antworten des Zweimassensystems im eingeschwungenen Zustand für $\mu = 2$; [bu-nd-ex-4-2-2-Zweimassenschwinger.xls]

Die Bilder 4.2.6 - 4.6.7 zeigen die Antwort des Zweimassenschwingers im eingeschwungenen Zustand für die Variation der Frequenzverhältnisse.

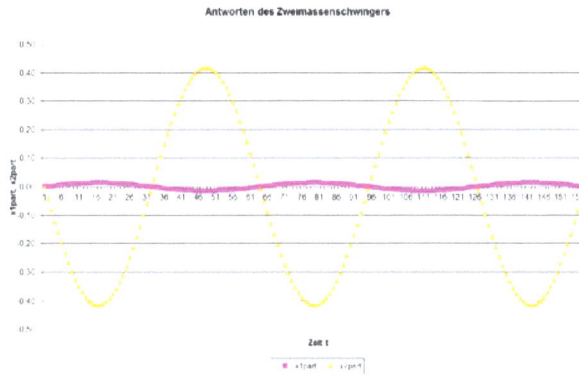

Bild 4.2.6 Antworten des Zweimassensystems im eingeschwungenen

Zustand für $\mu = 0{,}5$, $\omega_H^{\,2} = 40\,\dfrac{1}{\text{sec}^2}$, $\omega_T^{\,2} = 4\,\dfrac{1}{\text{sec}^2}$; **[bu-nd-ex-4-2-**

05a-Zweimassenschwinger.xls]

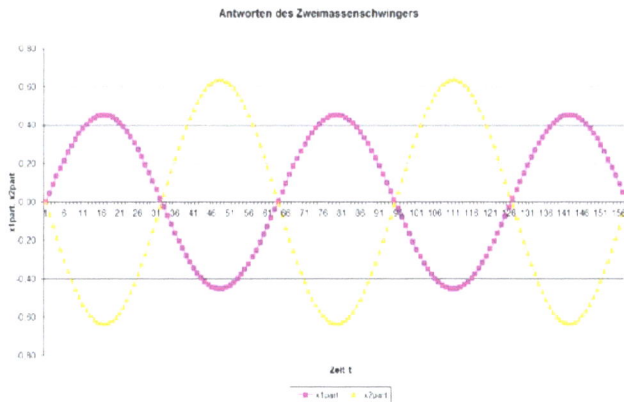

Bild 4.2.7 Antworten des Zweimassensystems im eingeschwungenen

Zustand für $\mu = 1$, $\omega_H^{\,2} = 4\,\dfrac{1}{\text{sec}^2}$, $\omega_T^{\,2} = 40\,\dfrac{1}{\text{sec}^2}$; **[bu-nd-ex-4-2-**

05b-Zweimassenschwinger.xls]

Vergrößerungsfunktion

Die größte Amplitude hat die Antwort für $\sin\Omega t = 1$. Die statische Auslenkung der Masse m_2 unter der Last F_0 ist

$$(4.2.33): \qquad x_{stat} = \frac{F_0}{c_2}.$$

Hier wird die Federsteifigkeit c_2 genommen, es könnte aber auch die Ersatzfedersteifigkeit aus den beiden hintereinandergeschalteten Federn berechnet und eingesetzt werden.

Die größte Auslenkung durch die statische Auslenkung geteilt, ergibt die Vergrößerungsfunktion über den Wert $\frac{\omega}{\Omega}$ aufgetragen.

$$(4.2.34): \qquad V_1 = \frac{x_{1part,max}}{x_{stat}}$$

$$= \frac{\dfrac{c_2}{m_2}\mu\omega_T^{\;2}}{(-\Omega^2 + \omega_H^{\;2} + \mu\omega_T^{\;2})(-\Omega^2 + \omega_T^{\;2}) - (-\mu\omega_T^{\;2})(-\omega_T^{\;2})},$$

$$(4.2.35): \qquad V_2 = \frac{x_{2part,max}}{x_{stat}}$$

$$= \frac{\dfrac{c_2}{m_2}(-\Omega^2 + \omega_H^{\;2} + \mu\omega_T^{\;2})}{(-\Omega^2 + \omega_H^{\;2} + \mu\omega_T^{\;2})(-\Omega^2 + \omega_T^{\;2}) - (-\mu\omega_T^{\;2})(-\omega_T^{\;2})}.$$

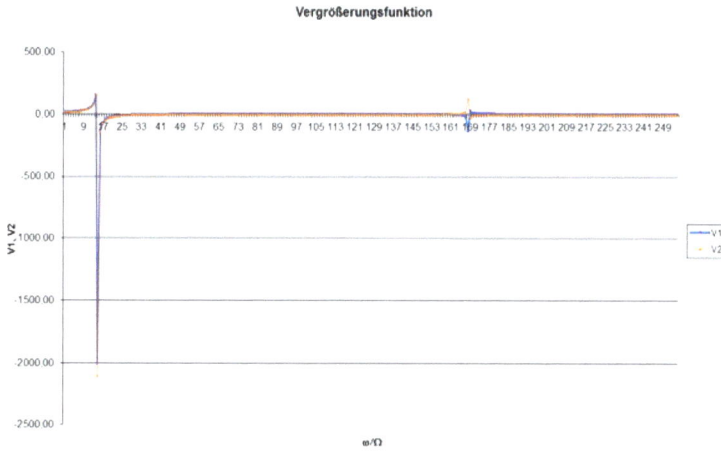

Bild 4.2.8 Vergrößerungsfunktion des Zweimassensystems im einge-

schwungenen Zustand für $\mu = 0,5$, $\omega_H^2 = 4\dfrac{1}{sec^2}$, $\omega_T^2 = 80\dfrac{1}{sec^2}$;

[bu-nd-ex-4-2-05b-Zweimassenschwinger.xls] Diagramm2

AUFGABEN ZU KAPITEL 5

AUFGABE 5.1

o Bestimmung der Eigenkreisfrequenz eines balkenartigen Schwingers

o Bestimmung der Antwort des Schwingers

Ein ungedämpfter balkenartiger Schwinger (Dichte ρ, Länge l, Biegesteifigkeit EI, gelenkige Lagerung rechts und links) wird mit eine Anfangsauslenkung x_0 und einer Anfangsgeschwindigkeit $\dot{x}_0$ belastet.

gegeben: $x_0 = 1$ mm, $\dot{x}_0 = 1\dfrac{m}{sec}$, l=3 m; h=100 mm; b=100 mm;

$E_{Stahl} = 2,1 \cdot 10^5 \dfrac{N}{mm^2}$; $\rho = 7,8 \cdot 10^{-6} \dfrac{kg}{mm^3}$

gesucht: Bestimmung der Eigenkreisfrequenz und der Antwort des Schwingers

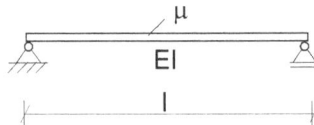

Bild 5.1.1 Ungedämpfter, balkenartiger Schwinger

LÖSUNG

Um die Bewegungsgleichungen aufstellen zu können, wird der Balken durch eine Punktmasse im Schwerpunkt

$$(5.1.1): \quad m = \rho \, l \, A = \rho \, l \, b \, h$$
$$= 7,8 \cdot 10^{-6} \dfrac{kg}{10^{-9} m^3} \, 3m \, 10^{-1}m \, 10^{-1}m = 234 \, kg$$

approximiert. Die Steifigkeit des Balkens wird durch zwei Biegefedern dargestellt. Für dieses System (Bild 5.1.2) muss die Ersatzfedersteifigkeit berechnet werden.

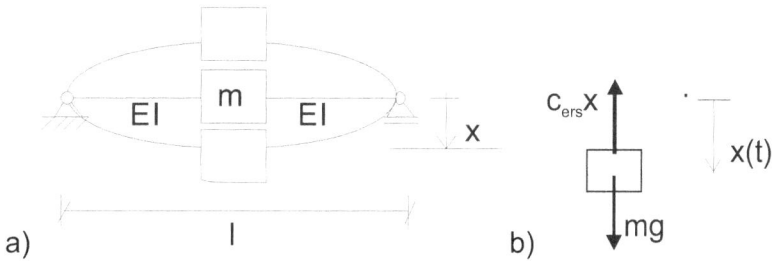

Bild 5.1.2 a) Ersatzsystem mit der Balkenmasse im Schwerpunkt; b) Schnittbild des ungedämpften Schwingers am ausgelenkten System

Aus der Gleichgewichtsbedingung in x-Richtung erhält man wieder eine inhomogene Differentialgleichung für das System

$$(5.1.2): \quad m\,\ddot{x} + c_{ers}\,x = m\,g\,.$$

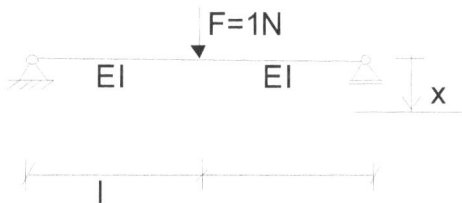

Bild 5.1.3 Ersatzkraft F=1N zur Bestimmung der Ersatzfedersteifigkeit

Die Ersatzsteifigkeit kann über den reziproken Wert der Absenkung des Systems unter der Last 1 N aus Formelsammlungen (zum Beispiel Biegelinientafel: Balken auf zwei Stützen unter einer Einzellast)

$$f = \frac{1N}{48}\frac{l^3}{EI} \quad \text{entnommen werden}$$

$$(5.1.3): \quad c_{ers} = \frac{1N}{f} = \frac{48\,E\,I}{l^3} = 3111111,11 \frac{N}{m}.$$

Durch Division durch die Masse m und der Eigenkreisfrequenz

$$(5.1.4): \quad \omega = \sqrt{\frac{c_{ers}}{m}} = \sqrt{\frac{48\,g\,E\,I}{m}} = 115,31 \frac{1}{sec}$$

lösbar wird

$$(5.1.5): \quad \ddot{x} + \omega^2 x = g.$$

Der Term g liefert wieder die statische Auslenkung infolge des Eigengewichts und wird im Folgenden vernachlässigt.

Die Auslenkung des Systems ist die Amplitude der Schwingung

$$(5.1.6): \quad x_1 = x_0 \cos\omega t + \frac{\dot{x}_0}{\omega} \sin\omega t.$$

AUFGABE 5.2

o Bestimmung der Eigenkreisfrequenz eines balkenartigen Schwingers

o Bestimmung der Antwort des Schwingers

Ein ungedämpfter balkenartiger Schwinger (Massenbelegung μ, Länge l, Biegesteifigkeit EI, feste Einspannung rechts und links) wird mit eine Anfangsauslenkung x_0 und einer Anfangsgeschwindigkeit $\dot{x}_0$ belastet.

gegeben: $x_0 = 1$ mm, $\dot{x}_0 = 1\dfrac{m}{sec}$, l=3 m; h=100 mm; b=100 mm;

$$E_{Stahl} = 2{,}1 \; 10^5 \; \frac{N}{mm^2} \; ; \; \rho = 7{,}8 \; 10^{-6} \; \frac{kg}{mm^3}$$

gesucht: Bestimmung der Eigenkreisfrequenz und der Antwort des Schwingers

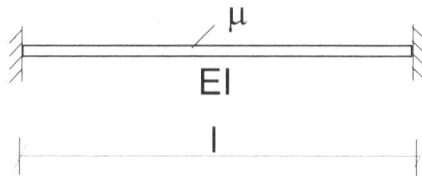

Bild 5.2.1 Ungedämpfter, balkenartiger Schwinger

LÖSUNG

Um die Bewegungsgleichungen aufstellen zu können, wird der Balken durch eine Punktmasse im Schwerpunkt

$$(5.2.1): \quad m = \rho \, l \, A = 234 \, kg$$

approximiert. Die Steifigkeit des Balkens wird durch zwei Biegefedern dargestellt. Für dieses System (Bild 85) muss die Ersatzfedersteifigkeit berechnet werden.

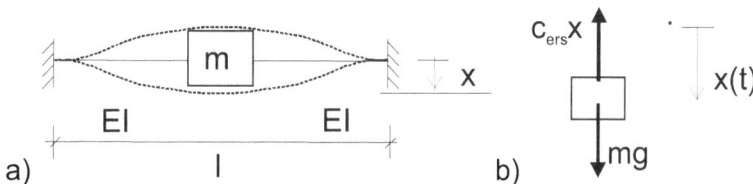

Bild 5.2.2 a) Ersatzsystem; b) Schnittbild des ungedämpften Schwingers am ausgelenkten System

Aus der Gleichgewichtsbedingung in x-Richtung erhält man wieder eine inhomogene Differentialgleichung für das System.

$$(5.2.2): \quad m\,\ddot{x} + c_{ers}\,x = m\,g.$$

Die Ersatzsteifigkeit kann über den reziproken Wert der Absenkung des Systems unter der Last 1N aus Formelsammlungen (Balken beidseitig eingespannt unter einer Einzellast $f = \dfrac{1N}{192}\dfrac{l^3}{EI}$ entnommen werden

$$(5.2.3): \quad c_{ers} = \frac{1N}{f} = \frac{192\,E\,I}{l^3} = 12444444{,}44\ \frac{N}{m}.$$

Durch Division durch die Masse m und der Eigenkreisfrequenz

$$(5.2.4): \quad \omega = \sqrt{\frac{c_{ers}}{m}} = 230{,}61\,\frac{1}{sec}$$

lösbar wird

$$(5.2.5): \quad \ddot{x} + \omega^2\,x = g.$$

Das System ist steifer als das obige System. Die Eigenkreisfrequenz ist höher.

Die Auslenkung des Systems ist die Amplitude der Schwingung

$$(5.2.6): \quad x_2 = x_0\,\cos\omega t + \frac{\dot{x}_0}{\omega}\,\sin\omega t.$$

Die Verformungs-Zeit-Funktion wird in Bild 5.2.3, die Geschwindig-keits-Zeit-Funktion wird in Bild 5.2.4 dargestellt.

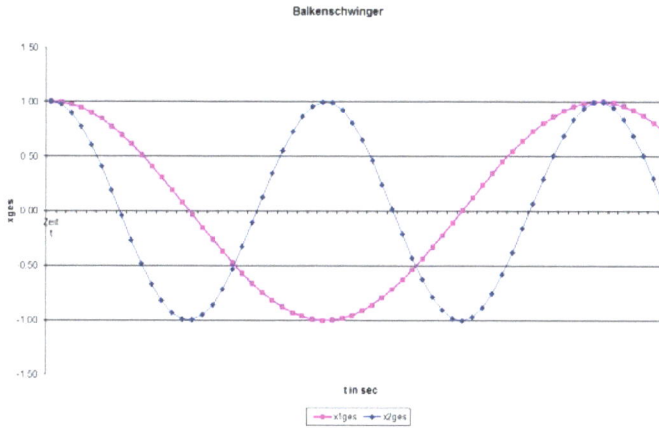

Bild 5.2.3 Verformungs-Zeit-Funktionen x_{1ges}, x_{2ges}; [bu-nd-ex-5-2-Balkenschwinger.xls]

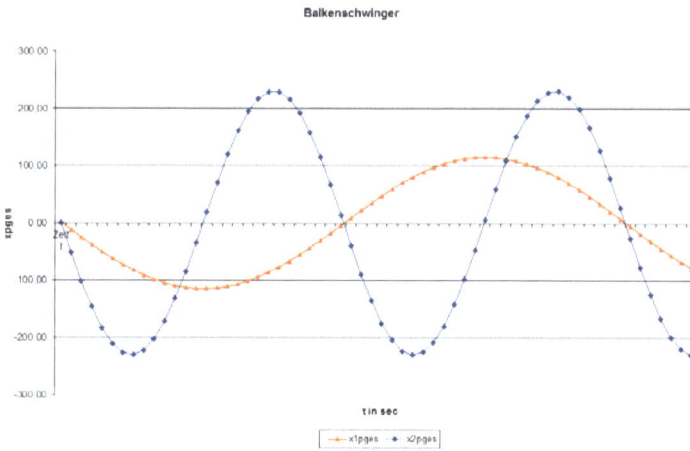

Bild 5.2.4 Geschwindigkeits-Zeit-Funktionen $\dot{x}_{1ges}, \dot{x}_{2ges}$; [bu-nd-ex-5-2-Balkenschwinger.xls]

AUFGABE 5.3

o   FOURIER-Reihenentwicklung

o   Bestimmung einer Funktion durch die Addition verschiedener Anteile

Eine Reihenfunktion f(x) ist gegeben. Ein ungedämpfter, balkenartiger Schwinger (Massenbelegung μ, Länge l, Biegesteifigkeit EI) wird mit eine Anfangsauslenkung x_0 und einer Anfangsgeschwindigkeit $\dot{x}_0$ belastet.

gegeben: $b_n(x) = \dfrac{16\,a\,l}{n^3\,\pi^3}(\cos n\pi - \cos\dfrac{n\pi}{2})\sin\dfrac{n\pi}{l}x$

gesucht: Bestimmung der Funktion durch die Addition verschiedener Anteile

LÖSUNG

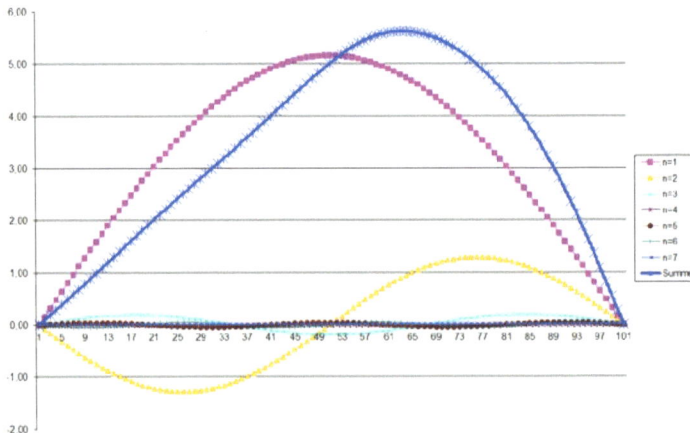

Bild 5.3.1 Anteile der n Reihenlösungen und Gesamtlösung; [bu-nd-ex-5-3-Fourierreihenentwicklung.xls]

AUFGABE 5.4

o   Eigenwertproblem

o   Bestimmung der Eigenformen

Ein Balken auf zwei Stützen ist gegeben.

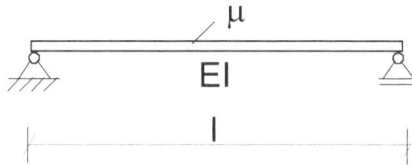

Bild 5.4.1 Ungedämpfter, balkenartiger Schwinger

gegeben: $w(x,t) = w^*(x)\ g(t)$, l, EI

gesucht: Aus der Ansatzfunktion

$w^*(x) = A\sin(ax) + B\cos(ax) + C\sinh(ax) + D_n\cosh(ax)$ werden die Eigenwerte und Eigenformen des Systems gesucht.

LÖSUNG

$(5.4.1):\quad w(x,t) = w^*(x)\,g(t),$

$(5.4.2):\quad w_n^*(x)$
$= A_n\sin(a_n x) + B_n\cos(a_n x) + C_n\sinh(a_n x) + D_n\cosh(a_n x).$

Mit den Randbedingungen folgt

$(5.4.3):\quad M(0) = -EI\, w_n^{*\,II}(0) = 0 = B_n + D_n$

$(5.4.4):\quad M(l) = -EI\, w_n^{*II}(l) = 0$

$= -a_n^2\, (A_n \sin(a_n l) + B_n \cos(a_n l) - C_n \sinh(a_n l) - D_n \cosh(a_n l))$

$= A_n \sin(a_n l) + B_n \cos(a_n l) - C_n \sinh(a_n l) - D_n \cosh(a_n l)$

$(5.4.5):\quad w_n^{*}(0) = 0 = B_n + D_n,$

$(5.4.6):\quad w_n^{*}(l) = 0$

$= A_n \sin(a_n l) + B_n \cos(a_n l) + C_n \sinh(a_n l) + D_n \cosh(a_n l)$

$(5.4.7):$

A_n	B_n	C_n	D_n	rechte Seite
0	1	0	1	0
$\sin(a_n l)$	$\cos(a_n l)$	$\sinh(a_n l)$	$\cosh(a_n l)$	0
0	1	0	-1	0
$\sin(a_n l)$	$\cos(a_n l)$	$-\sinh(a_n l)$	$-\cosh(a_n l)$	0

Es handelt sich um ein Eigenwertproblem, das nun gelöst werden muss, um die Eigenwerte mit den Eigenformen zu definieren.

Nach der ersten Zeile entwickelt, erhält man folgende Unterdeterminaten

$(5.4.8):\quad -1 \begin{vmatrix} \sin(a_n l) & \sinh(a_n l) & \cosh(a_n l) \\ 0 & 0 & -1 \\ \sin(a_n l) & -\sinh(a_n l) & -\cosh(a_n l) \end{vmatrix}$

$-1 \begin{vmatrix} \sin(a_n l) & \cos(a_n l) & \sinh(a_n l) \\ 0 & 1 & 0 \\ \sin(a_n l) & \cos(a_n l) & -\sinh(a_n l) \end{vmatrix} = 0,$

mit der Auflösung

(5.4.9): $\quad -4 \sin a_n l \, \sinh a_n l = \sin a_n l \, \sinh a_n l = 0,$

(5.4.10): $\quad \sinh a_n l = 0 \quad$ für $\quad a_n l = 0.$

Das ist keine sinnvolle Lösung.

(5.4.11): $\quad \sin a_n l = 0 \quad$ für $\quad a_n l = 0, \pi, 2\pi, ..., n\pi.$

Diese Lösung liefert brauchbare Lösungen für die n Eigenwerte

---

(5.4.12): $\quad a_n l = n\pi \quad \Rightarrow \quad a_n = \dfrac{n\pi}{l}.$

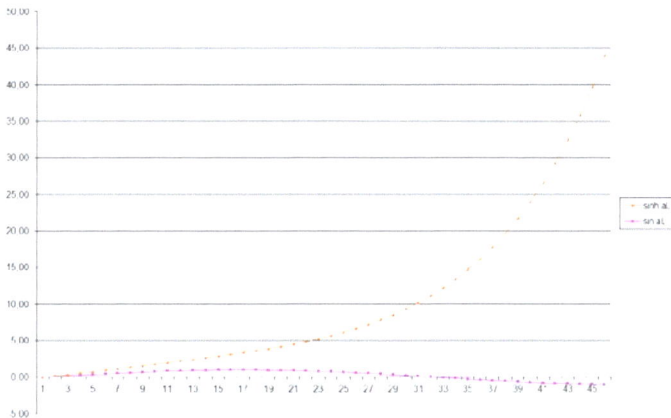

Bild 5.4.2 Funktionsverläufe; [bu-nd-ex-5-4-Eigenwert-Balken-2-St.xls]

Damit lauten die n Eigenformen

$$(5.4.13): \quad w_n^*(x)$$

$$= A_n \sin(\frac{n\pi}{l}x) + B_n \cos(\frac{n\pi}{l}x) + C_n \sinh(\frac{n\pi}{l}x) + D_n \cosh(\frac{n\pi}{l}x).$$

Für die Eigenform wird auf die Amplitude $A_n=1$ normiert. Daraus ergeben sich die weiteren Konstanten zu

$$(5.4.14): \quad B_n = 0, \ C_n = 0, \quad D_n = 0.$$

Mit den Randbedingungen führt das auf

$$(5.4.15): \quad w_n^*(x) = A_n \sin(\frac{n\pi}{l}x).$$

Eigenformen

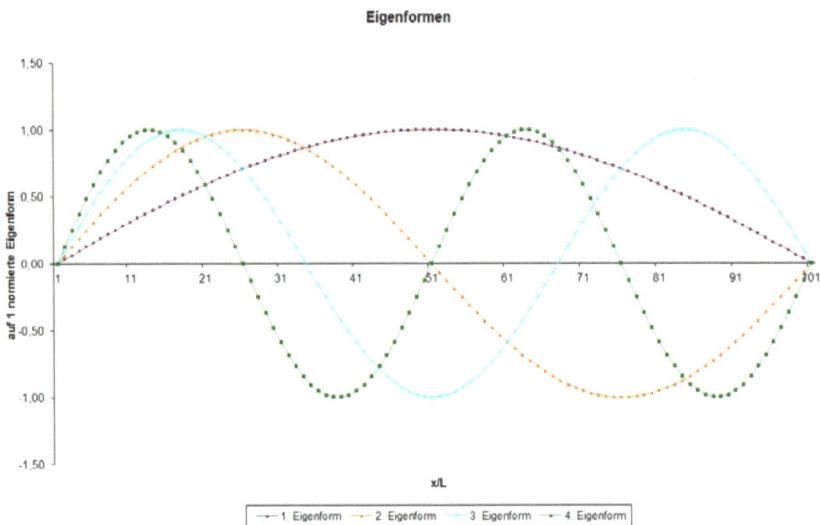

Bild 5.4.3 Eigenformen des Balkens auf zwei Stützen auf die Amplitude 1 normiert; [bu-nd-ex-5-4-Eigenwert-Balken-2-St.xls] Diagramm2

AUFGABE 5.5

○ Eigenwertproblem

○ Bestimmung der Eigenformen

Ein Kragarm ist gegeben.

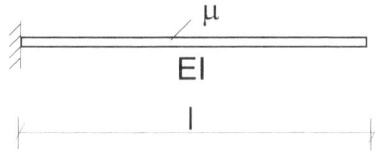

Bild 5.5.1 Ungedämpfter, balkenartiger Schwinger

gegeben: $w(x,t) = w^*(x)\,g(t)$, l, EI

gesucht: Aus der Ansatzfunktion

$w_n^*(x) = A_n\sin(a_nx) + B_n\cos(a_nx) + C_n\sinh(a_nx) + D_n\cosh(a_nx)$ werden

die Eigenwerte und Eigenformen des Systems gesucht.

LÖSUNG

$(5.5.1):\quad w(x,t) = w^*(x)\,g(t),$

$(5.5.2):\quad w_n^*(x)$
$= A_n\sin(a_nx) + B_n\cos(a_nx) + C_n\sinh(a_nx) + D_n\cosh(a_nx).$

Mit den Randbedingungen folgt

$(5.5.3):\quad Q(l) = -EI\,w_n^{*III}(l) = 0$
$= -a_n^3\,(A_n\cos(a_nl) - B_n\sin(a_nl) - C_n\cosh(a_nl) - D_n\sinh(a_nl))$

(5.5.4): $\quad M(l) = -EI\, w_n^{*II}(l) = 0$

$= -a_n^2 (A_n \sin(a_n l) + B_n \cos(a_n l) - C_n \sinh(a_n l) - D_n \cosh(a_n l))$

(5.5.5): $\quad w_n^{*I}(0) = 0 = a_n (A_n + C_n).$

(5.5.6): $\quad w_n^{*}(0) = 0 = B_n + D_n,$

(5.5.7):

A_n	B_n	C_n	D_n	r. Seite
0	1	0	1	0
1	0	1	0	0
$\cos(a_n l)$	$-\sin(a_n l)$	$-\cosh(a_n l)$	$-\sinh(a_n l)$	0
$\sin(a_n l)$	$\cos(a_n l)$	$-\sinh(a_n l)$	$-\cosh(a_n l)$	0

Es handelt sich um ein Eigenwertproblem, das nun gelöst werden muss, um die Eigenwerte mit den Eigenformen zu definieren.

Nach der ersten Zeile entwickelt, erhält man folgende Unterdeterminaten

(5.5.8): $\quad 1 \begin{vmatrix} 1 & 1 & 0 \\ \cos(a_n l) & -\cosh(a_n l) & -\sinh(a_n l) \\ \sin(a_n l) & -\sinh(a_n l) & -\cosh(a_n l) \end{vmatrix}$

$\qquad -1 \begin{vmatrix} 1 & 0 & 1 \\ \cos(a_n l) & -\sin(a_n l) & -\cosh(a_n l) \\ \sin(a_n l) & \cos(a_n l) & -\sinh(a_n l) \end{vmatrix} = 0,$

(5.5.9): $\quad a_n l - (\cos(a_n l)\cosh/(a_n l) + \sin(a_n l)\sinh(a_n l)$

$\qquad + (\sin(a_n l)\sinh(a_n l) + \cos(a_n l)\cosh(a_n l))$

$\qquad + \cos(2a_n l) + \sin(2a_n l) = 0$

$$(5.5.10): \quad 2\cos(a_n l)\cosh(a_n l) + 2 = 0$$
$$\Rightarrow \quad \cos(a_n l)\cosh/(a_n l) + 1 = 0.$$

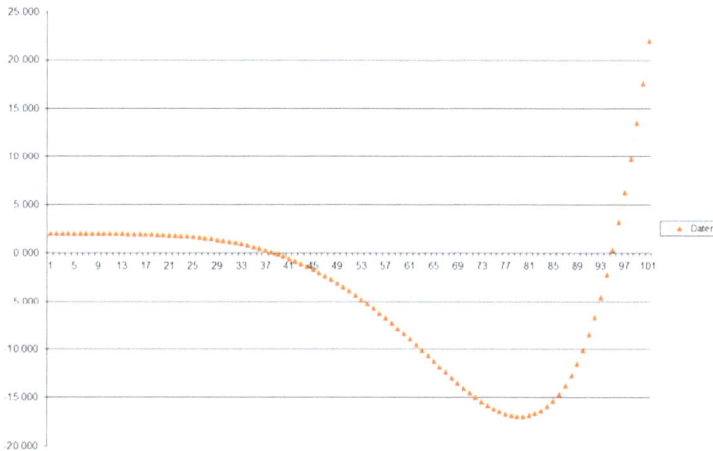

Bild 5.5.2 Funktionsverläufe; [bu-nd-ex-5-5-Eigenwert-Kragarm.xls]

Funktionswert ist Null für $a_n l = 1,875; 4,694; 7,885; 10,996; .... + \pi$.

Für die Eigenform wird auf die Amplitude $B_n=1$ normiert. Daraus ergeben sich die weiteren Konstanten zu (aus der 3. Randbedingung)

$$(5.5.12): \quad A_n = B_n \frac{\sin(a_n l) - \sinh/(a_n l)}{\cos(a_n l) + \cosh/(a_n l)} , C_n = -A_n, D_n = -1.$$

Für n=1 ergibt sich

$$(5.5.13): \quad B_1 = 1, \quad A_1 = -0,733, \quad C_1 = 0,733, \quad D_1 = -1.$$

Damit folgt die Funktion $w_1^*(x)$

$$(5.5.14): \quad w_1^*(x)$$
$$= -0{,}733 \sin(a_1 x) + \cos(a_1 x) + 0{,}733 \sinh(a_1 x) - \cosh(a_1 x).$$

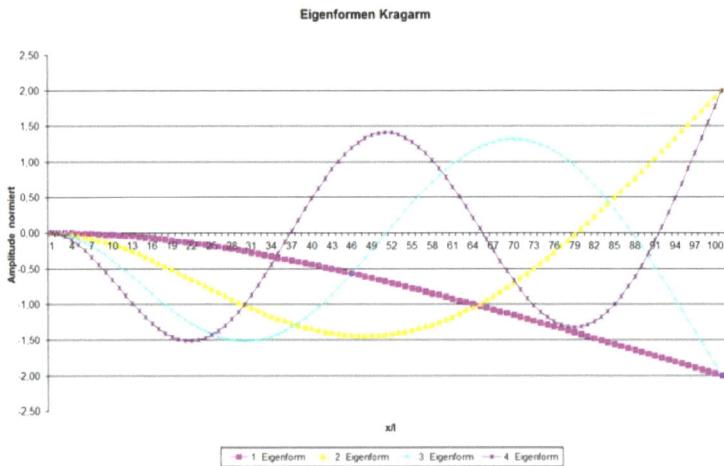

Bild 5.5.3 Eigenformen des Kragarms; [bu-nd-ex-5-5-Eigenwert-Kragarm.xls) Diagramm2

AUFGABE 5.6

o   Eigenwertproblem

o   Bestimmung der Eigenformen

Ein Kragarm mit Lager ist gegeben.

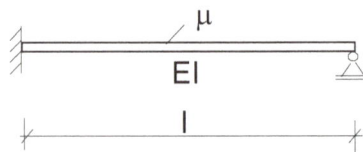

Bild 5.6.1 Ungedämpfter, balkenartiger Schwinger

gegeben: $w(x,t) = w^*(x)\, g(t)$, l, EI

gesucht:

Aus der Ansatzfunktion

$$w_n^*(x) = A_n \sin(a_n x) + B_n \cos(a_n x) + C_n \sinh(a_n x) + D_n \cosh(a_n x)$$ werden

die Eigenwerte und Eigenformen des Systems gesucht.

LÖSUNG

$(5.6.1):\quad w(x,t) = w^*(x)\, g(t),$

$(5.6.2):\quad w_n^*(x)$
$\quad = A_n \sin(a_n x) + B_n \cos(a_n x) + C_n \sinh(a_n x) + D_n \cosh(a_n x).$

Mit den Randbedingungen folgt

$(5.6.3):\quad w_n^{*I}(0) = 0 = a_n(A_n + C_n).$

$(5.6.4):\quad w_n^*(0) = 0 = B_n + D_n,$

$(5.6.5):\quad w_n^*(l) = 0$
$\quad = A_n \sin(a_n l) + B_n \cos(a_n l) + C_n \sinh(a_n l) + D_n \cosh(a_n l),$

$(5.6.6):\quad M(l) = -EI\, w_n^{*II}(l) = 0$
$\quad = -a_n^2\,(A_n \sin(a_n l) + B_n \cos(a_n l) - C_n \sinh(a_n l) - D_n \cosh(a_n l)).$

	A_n	B_n	C_n	D_n	r. S.
(5.6.7):	0	1	0	1	0
	1	0	1	0	0
	$\sin(a_n l)$	$\cos(a_n l)$	$\sinh(a_n l)$	$\cosh(a_n l)$	0
	$\sin(a_n l)$	$\cos(a_n l)$	$-\sinh(a_n l)$	$-\cosh(a_n l)$	0

Es handelt sich um ein Eigenwertproblem, das nun gelöst werden muss, um die Eigenwerte mit den Eigenformen zu definieren.

$$(5.6.8): \quad -1 \begin{vmatrix} 1 & 1 & 0 \\ \sin(a_n l) & \sinh(a_n l) & \cosh(a_n l) \\ \sin(a_n l) & -\sinh(a_n l) & -\cosh(a_n l) \end{vmatrix}$$

$$-1 \begin{vmatrix} 1 & 0 & 1 \\ \sin(a_n l) & \cos(a_n l) & \sinh(a_n l) \\ \sin(a_n l) & \cos(a_n l) & -\sinh(a_n l) \end{vmatrix} = 0,$$

$$(5.6.9): \quad -\sin(a_n l)\cosh(a_n l) + 2\cos(a_n l)\sinh(a_n l) = 0.$$

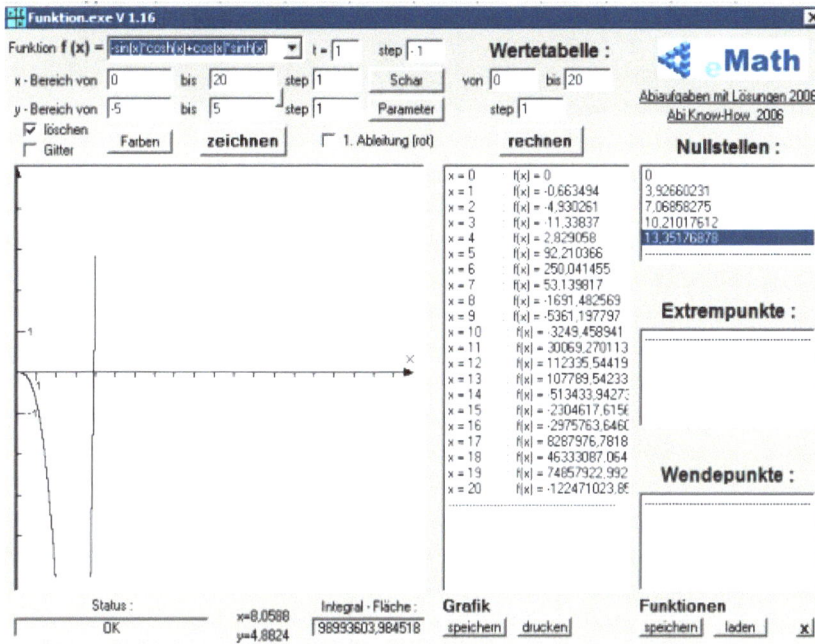

Bild 5.6.2 Funktionsverläufe und Nullstellen aus Funktion.exe V1.16

Funktionswert ist Null für

$a_n l = 3{,}9266, \quad 7{,}06858, \quad 10{,}2101, \quad 13{,}3517 \quad \dots$

Für die Eigenform wird auf die Amplitude $B_n=1$ normiert. Daraus ergeben sich die weiteren Konstanten zu (aus der 3. Randbedingung)

$$(5.6.10): \quad B_n = 1, A_n = -\frac{\sin(a_n l) - \sinh/(a_n l)}{\cos(a_n l) + \cosh/(a_n l)} , C_n = -A_n,$$
$$D_n = -B_n.$$

Für n=1 ergibt sich

$$(5.6.11): \quad B_1 = -1, \quad A_1 = -1, \quad C_1 = -1, \quad D_1 = 1.$$

Damit folgt die Funktion $w_1^*(x)$

$$(5.6.12): \quad w_1^*(x) = \sin(a_1 x) - \cos(a_1 x) - \sinh(a_1 x) + \cosh(a_1 x).$$

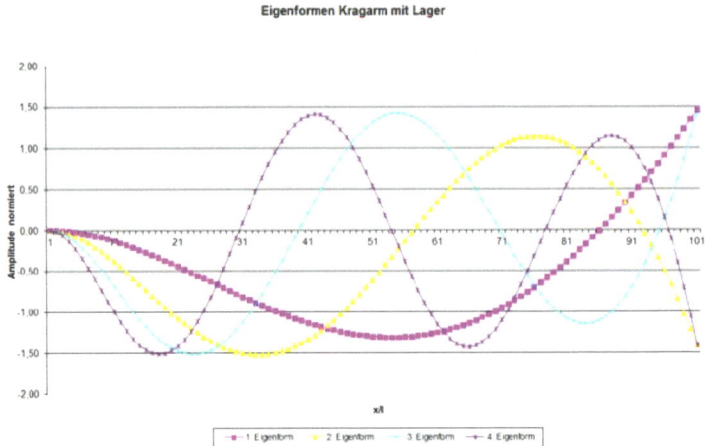

Bild 5.6.3 Eigenformen des Kragarms mit Lager; [bu-nd-ex-5-6-Eigenwert-Kragarm-Lager.xls]

AUFGABE 5.7

o   Eigenwertproblem

o   Bestimmung der Eigenformen

Ein Balken ohne Lager ist gegeben.

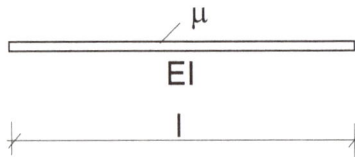

Bild 5.7.1 Ungedämpfter, balkenartiger Schwinger ohne Lagerung

gegeben: $w(x,t) = w^*(x)\,g(t)$, l, EI

gesucht: Aus der Ansatzfunktion

$$w_n^*(x) = A_n \sin(a_n x) + B_n \cos(a_n x) + C_n \sinh(a_n x) + D_n \cosh(a_n x)$$ werden

die Eigenwerte und Eigenformen des Systems gesucht.

LÖSUNG

$(5.7.1):\quad w(x,t) = w^*(x)\, g(t),$

$(5.7.2):\quad w_n^*(x)$
$\quad = A_n \sin(a_n x) + B_n \cos(a_n x) + C_n \sinh(a_n x) + D_n \cosh(a_n x).$

Mit den Randbedingungen folgt

$(5.7.3):\quad Q(0) = -EI\, w_n^{*III}(0) = 0 = -a_n^3 (A_n - C_n),$

$(5.7.4):\quad M(l) = -EI\, w_n^{*II}(0) = 0 = -a_n^2 (B_n - D_n),$

$(5.7.5):\quad Q(l) = -EI\, w_n^{*III}(l) = 0$
$= -a_n^3 (A_n \cos(a_n l) - B_n \sin(a_n l) - C_n \cosh(a_n l) - D_n \sinh(a_n l)),$

$(5.7.6):\quad M(l) = -EI\, w_n^{*II}(l) = 0$
$= -a_n^2 (A_n \sin(a_n l) + B_n \cos(a_n l) - C_n \sinh(a_n l) - D_n \cosh(a_n l)).$

(5.7.7):

A_n	B_n	C_n	D_n	r. Seite
1	0	1	0	0
0	1	0	-1	0
$\cos(a_n l)$	$-\sin(a_n l)$	$-\cosh(a_n l)$	$-\sinh(a_n l)$	0
$\sin(a_n l)$	$\cos(a_n l)$	$-\sinh(a_n l)$	$-\cosh(a_n l)$	0

Es handelt sich um ein Eigenwertproblem, das nun gelöst werden muss, um die Eigenwerte mit den Eigenformen zu definieren.

$$(5.7.8): \quad 1 \begin{vmatrix} -\sin(a_n l) & -\cosh(a_n l) & \sinh(a_n l) \\ 1 & 0 & -1 \\ \cos(a_n l) & -\sinh(a_n l) & -\cosh(a_n l) \end{vmatrix}$$

$$-1 \begin{vmatrix} \cos(a_n l) & -\sin(a_n l) & -\sinh(a_n l) \\ 0 & 1 & -1 \\ \sin(a_n l) & \cos(a_n l) & -\cosh(a_n l) \end{vmatrix} = 0,$$

$$(5.7.9): \quad \cos(a_n l)\cosh(a_n l) - 1 = 0.$$

Funktionswert ist Null für

$$a_n l = 4,73; 7,853; 10,9956; 14,1371 + \ldots + \pi.$$

Für die Eigenform wird auf die Amplitude $B_n = 1$ normiert. Daraus ergeben sich die weiteren Konstanten zu (aus der 3. Randbedingung)

(5.7.10):
$$A_n = 1, \quad B_n = -\frac{\cos(a_n l) - \cosh/(a_n l)}{\sin(a_n l) + \sinh/(a_n l)}, \quad C_n = 1, \quad D_n = -B_n.$$

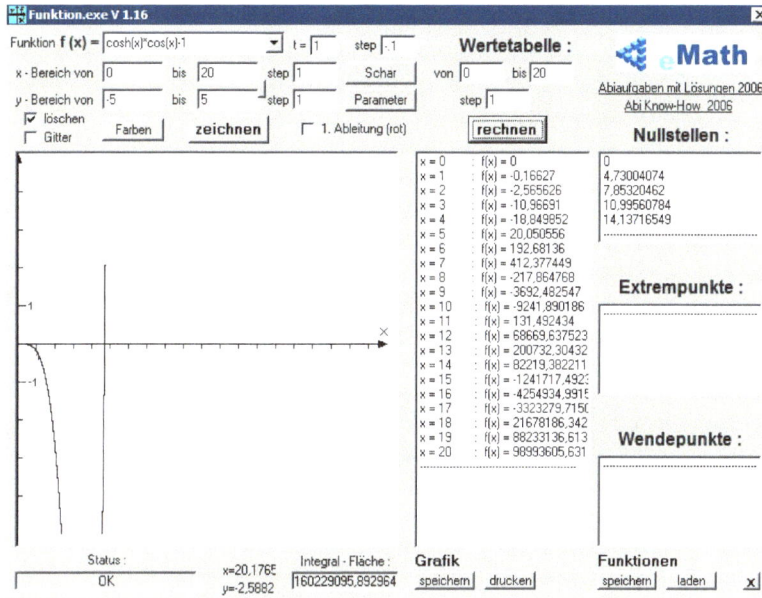

Bild 5.7.2 Funktionsverläufe

Für n=1 ergibt sich

(5.7.11) : $B_1 = 1,$ $A_1 = 1,$ $C_1 = 1,$ $D_1 = -1.$

Damit folgt die Funktion $w_1{}^*(x)$

(5.7.12) : $w_1{}^*(x) = \sin(a_1 x) + \cos(a_1 x) + \sinh(a_1 x) - \cosh(a_1 x).$

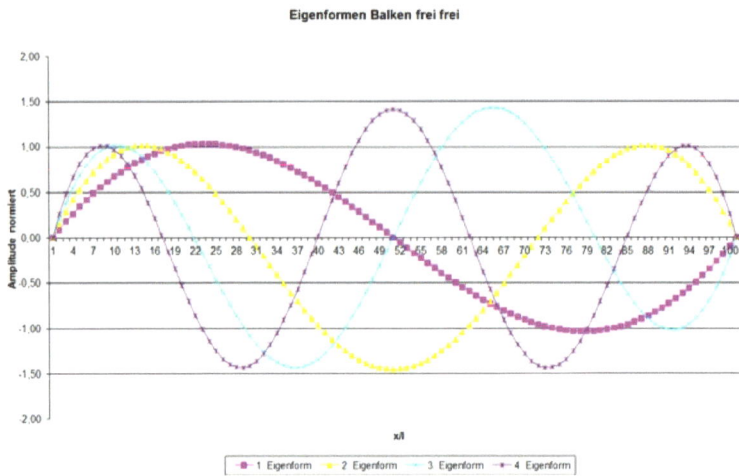

Eigenformen Balken frei frei

Bild 5.7.3 Eigenformen des frei-freien Balkens; [bu-nd-ex-5-7-Eigenwert-
frei-frei.xls]

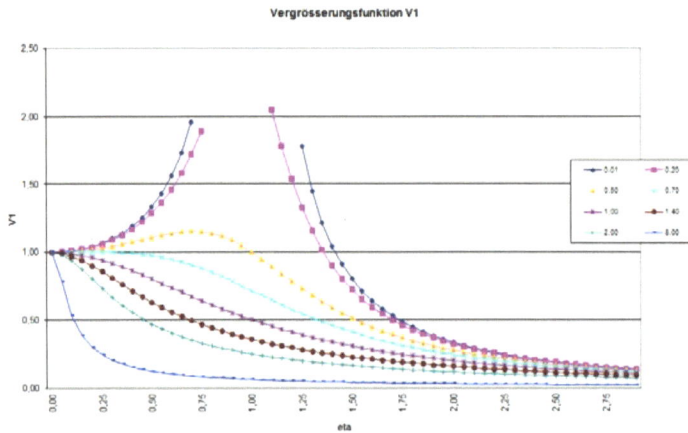

Vergrösserungsfunktion V1

Bild 5.7.4 VergrößerungsfunktionV$_1$; [bu-nd-ex-5-7-
Vergroesserungsfunktion-v1.xls]

AUFGABE 5.8

o   Eigenwertproblem

o   Bestimmung der Eigenformen

o   Analyse der Komponentenschwingungen in einem Rahmensystem

- Analytische Analyse mit Hilfe einer Näherungslösung,

- Auswertung der analytischen Methode mit Hilfe einer EXCEL-Tabelle,

- Auswertung mit einer numerischen Methode mit dem Programm MATLAB[2],

- Auswertung mit einer numerischen Methode Finite-Elemente-Methode mit dem Programm MARC[3]

Untersucht wird ein vereinfacht dargestelltes, mechanisches Versuchsmodell, das zur Analyse der Komponentenschwingungen in einem Rahmensystem entwickelt wird.

Um die Richtigkeit der Berechnung sicher zu stellen, wird die Schwingungsanalyse über 3 unterschiedliche Untersuchungsmethoden durchgeführt

- Analytische Analyse mit Hilfe einer Näherungslösung,

- Auswertung der analytischen Methode mit Hilfe einer EXCEL-Tabelle,

- Auswertung mit einer numerischen Methode mit dem Programm MATLAB

- Auswertung mit einer numerischen Methode Finite-Elemente-Methode mit dem Programm MARC.

Eine detaillierte Schwingungsanalyse wird durchgeführt, wobei auf alle Besonderheiten eingegangen wird.

---

[2] von The MathWorks, Inc.

[3] von MSC Software

Bei dem vereinfacht dargestellten, mechanischen Versuchs-modell handelt es sich um ein Rahmensystem (Bild 5.8.1). Lager A ist ein Loslager, in dem sich das globale Koordinatensystem befindet. Lager B ist ein Festlager.

Es handelt sich um ein statisch bestimmtes System. Am Ende des auskragenden Teilsystems wirkt die Kraft F. Die Krafteinleitung auf das System erfolgt linear.

Dieses Rahmensystem ist dehnsteif in allen Bereichen.

gegeben: F=50N, $E_{Stahl} = 2{,}1 \; 10^5 \; \dfrac{N}{mm^2}$; $\rho = 7{,}8 \, 10^{-6} \, \dfrac{kg}{mm^3}$,

$g = 9{,}81 \dfrac{m}{s^2}$, $EA = \infty$, $GA_s = \infty$, a, b, h, 4-Kantprofil Außenlängen

a*=500 mm, h*=500 mm, F_0 = 1000N, t_1 = 0,1 s, t_2= 0,4 s, $y_0 = 0$,

$\dot{y}_0 = 0$, m=20 kg

gesucht: Bestimmung der Größe der maximalen Auslenkung

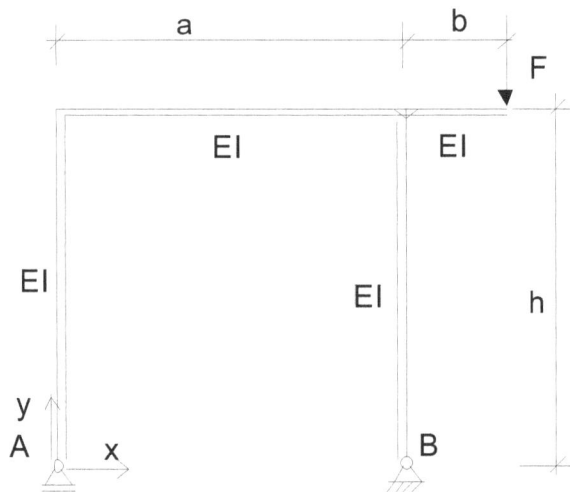

Bild 5.8.1: Vereinfacht dargestelltes, mechanisches Versuchsmodell: Rahmensystem

LÖSUNG

Analytische Schwingungsberechnung

Das System wird auf das in Bild 5.8.2 Ersatzsystem überführt. Dieses besteht aus zwei Federn c_1 und c_2, die die Rahmensteifigkeit abbilden, und einer Masse, an der die linear wirkende Kraft eingeleitet wird.

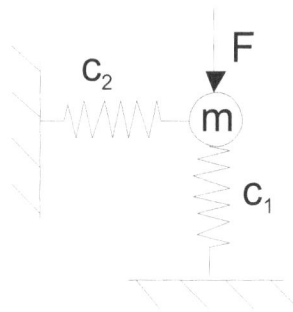

Bild 5.8.2: Ersatzsystem

Um an diesem Ersatzsystem eine Schwingungsanalyse durchführen zu können, muss zuerst die Federsteifigkeiten dieses Rahmens ermittelt werden.

Ermittlung der Steifigkeiten

Die Steifigkeiten werden mit Hilfe des Arbeitssatzes in der Elastostatik ermittelt[4]. Dazu wird der Momentenverlauf des

---

[4] Kunow, Technische Mechanik I-III, Grundlagen und vollständig gerechnete Übungsaufgaben, BoD
(https://www.amazon.de/s/ref=nb_sb_noss_2?__mk_de_DE=%C3%8

Rahmensystems für die Originalbelastung und die virtuellen Kräfte benötigt.

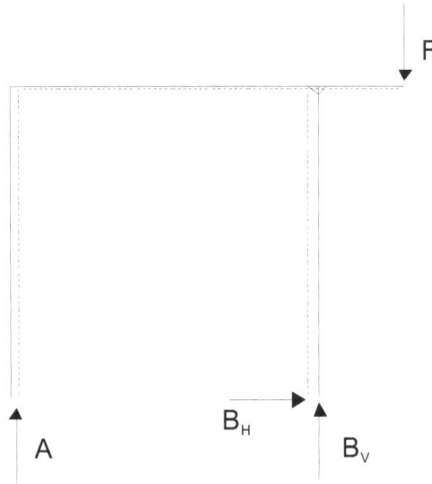

Bild 5.8.3: Schnittbild des Rahmensystems

Gleichgewichtsbedingungen des Rahmensystems

$(5.8.1):\quad \uparrow:\quad A + B_V - F = 0\quad,$

$(5.8.2):\quad \rightarrow:\quad B_H = 0\quad,$

$(5.8.3):\quad \Sigma M_B:\quad A\,a + F\,b = 0\quad \Rightarrow\quad A = -\dfrac{F\,b}{a}$

$$\Rightarrow\quad B_V = F + \dfrac{F\,b}{a} = F(1 + \dfrac{b}{a})$$

Berechnung des Momentenverlaufs

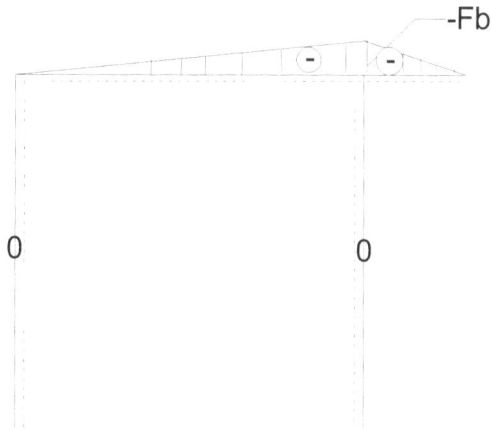

Bild 5.8.4: Momentenverlauf M des Original-Rahmensystems

Der Querkraft- und Normalkraftverlauf wird nicht benötigt, weil $EA = \infty$ und $GA_s = \infty$ sind.

Um die Verschiebungen und deren reziproke Werte, die Steifigkeiten der Federn, ausrechnen zu können, wird jeweils vertikal und horizontal am Lastangriffspunkt eine virtuelle Kraft angebracht.

Die Berechnung erfolgt mit dem Arbeitssatz.

Gleichgewichtsbedingungen im $\overline{1}$ – System

$(5.8.4): \quad \uparrow: \quad \overline{A} + \overline{B}_V - 1 = 0\,,$

$(5.8.5): \quad \rightarrow: \quad \overline{B}_H = 0\,,$

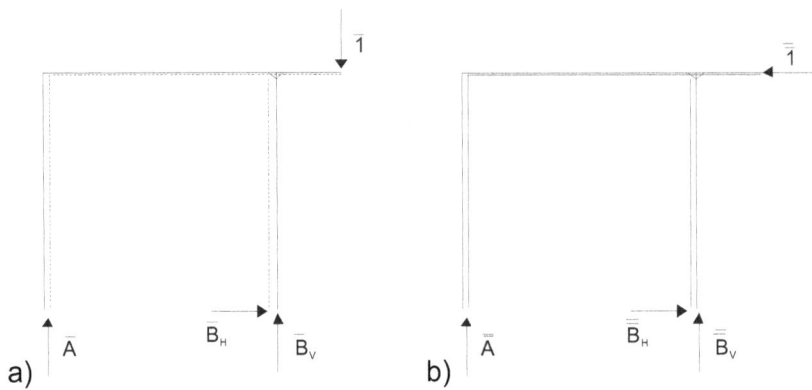

Bild 5.8.5: a)Schnittbild des 1-Systems des-Rahmensystems; b) Schnittbild des 1-Systems des-Rahmensystems

$$(5.8.6): \quad \Sigma M_B: \quad \overline{A}\,a + \overline{1}\,b = 0 \quad \Rightarrow \quad \overline{A} = -\frac{\overline{1}\,b}{a}$$

$$\Rightarrow \quad \overline{B}_V = 1 + \frac{\overline{1}\,b}{a} = \overline{1}\left(1 + \frac{b}{a}\right)$$

Gleichgewichtsbedingungen im $\overline{\overline{1}}$ – System

$$(5.8.7): \quad \uparrow: \quad \overline{\overline{A}} + \overline{\overline{B}}_V = 0 \,,$$

$$(5.8.8): \quad \rightarrow: \quad \overline{\overline{B}}_H = \overline{\overline{1}} \quad ,$$

$$(5.8.9): \quad \Sigma M_B: \quad \overline{\overline{A}}\,a - \overline{\overline{1}}\,h = 0 \quad \Rightarrow \quad \overline{\overline{A}} = \frac{\overline{\overline{1}}\,h}{a}$$

$$\Rightarrow \quad \overline{\overline{B}}_V = -\frac{\overline{\overline{1}}\,h}{a}$$

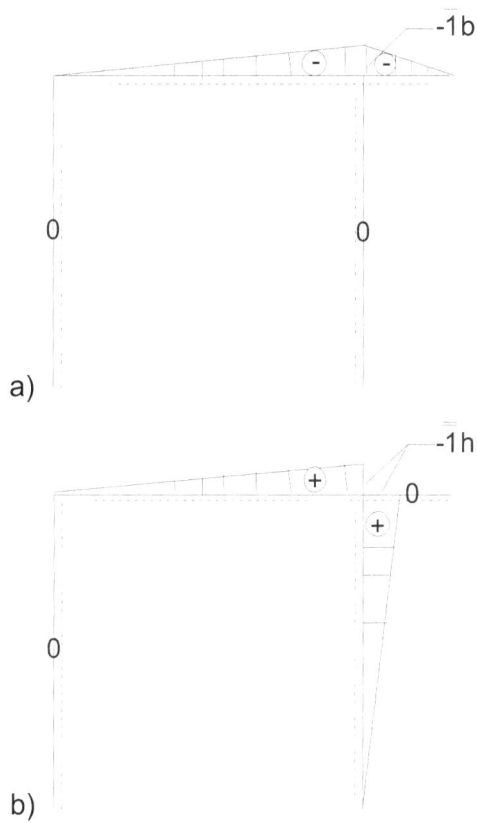

Bild 5.8.6: a) Momentenverlauf $\overline{M}$ im $\overline{1}$ – System; b) Momentenverlauf

$$\overline{\overline{M}} \text{ im } \overline{\overline{1}} - \text{System}$$

Koppeln mit der Koppeltafel[5] ergibt

[5] Kunow, Technische Mechanik I-III, Grundlagen und vollständig gerechnete Übungsaufgaben, BoD
(https://www.amazon.de/s/ref=nb_sb_noss_2?__mk_de_DE=%C3%8
5M%C3%85%C5%BD%C3%95%C3%91&url=search-
alias%3Daps&field-keywords=Annette+Kunow)

$$(5.8.10): \quad f_{FV} = \frac{1}{3} \, \frac{F}{EI}(a\,b^2 + b^3)$$

$$(5.8.11): \quad f_{FH} = \frac{1}{3} \, \frac{F}{EI}(a\,b\,h)$$

Berechnung des Flächenträgheitsmoments des 4-Kantprofils

Für das Profil ist ein Rechteck mit Außenlängen a*=500 mm, h*=500 mm

Ergibt sich das Flächenträgheitsmoment zu

$$(5.8.12): \quad I_x = I_y = \frac{bh^3}{12} = 520\,833,33\,mm^4 \, ,$$

Mit der angreifenden Last F ergibt sich die vertikale Verschiebung

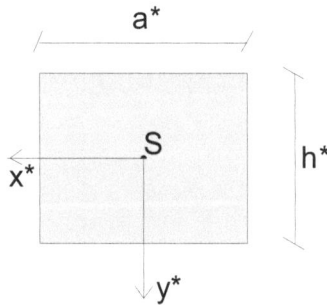

Bild 5.8.7: Querschnitt des 4-Kantprofils

$$(5.8.13): \quad f_{FV} = 0,004267\,mm$$

und die horizontale Verschiebung

$$(5.8.14): \quad f_{FH} = 0,007619\,mm$$

Daraus ergeben sich die Ersatzsteifigkeiten in vertikaler

$$(5.8.15): \quad c_1 = \frac{1}{f_{FV}} = 234,3567\,\frac{1}{mm} = 234\,356,7\,\frac{1}{m}$$

und in horizontaler Richtung

$$(5.8.16): \quad c_2 = \frac{1}{f_{FH}} = 131,2508\,\frac{1}{mm} = 131\,250,8\,\frac{1}{m}.$$

Die ermittelten Ersatzsteifigkeiten c_1 und c_2 werden bei der nachfolgenden Schwingungsberechnung verwendet.

Validierung der Steifigkeiten mit Hilfe der Finite-Elemente-Methode

Zur Bestätigung der analytisch errechneten Daten wird die beschriebene Struktur mit Hilfe der Finite-Elemente-Methode berechnet. Dazu wird das Finite-Elemente-Methode-Programm MARC (Solver) mit MENTAT als Pre- und Postprozessor verwendet. Beides sind Softwarepakete aus dem Hause MSC Software.

Zunächst wird die Geometrie der Struktur mit Hilfe von Balkenelementen abgebildet (Bild 5.8.15).

Gewählt werden Balkenelemente, da sie für diese Rahmenstruktur bestens geeignet sind, sie elastisch sind und über ihre Länge die Verschiebungen und Verdrehungen interpoliert werden können.

Dadurch sind die Ergebnisse gut approximierbar. Zudem ist es möglich diesem Elementtypen einen Querschnitt bzw. ein Volumen zuzuweisen. Dies ist notwendig, um eine realistische Struktursimulation zu gewährleisten. Verwendet wird das in der MARC Library Element Nummer 98.

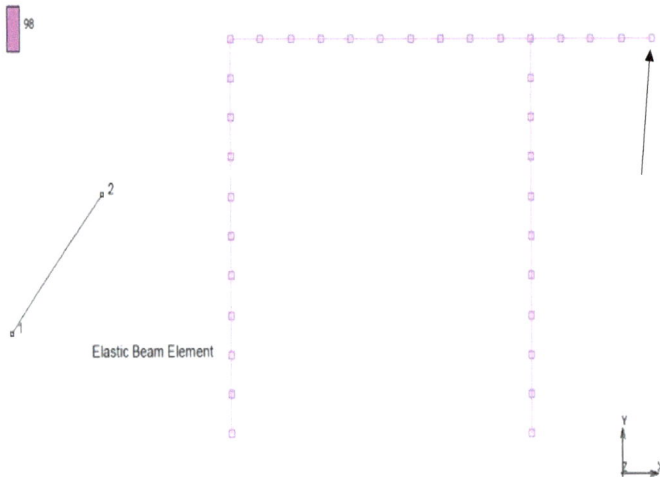

Bild 5.8.15: Geometriedarstellung und Elementanzeige

Der angesetzte Querschnitt mit den Flächenträgheitsmomenten ergibt sich aus den Größen für die Breite und die Höhe des realen Bauteils.

Das gesamte Modell besteht aus 35 Knoten und 34 Elementen. Dadurch ist die Rechnerlaufzeit sehr gering und ermöglicht ein effizientes Arbeiten mit dem Modell. Die in Bild 5.8.15 dargestellte Kraft, die auf das rechte Ende der Geometrie wirkt, wird linear über eine Graphenfunktion aufgebracht. Dies geschieht innerhalb von 20 Schritten, also einer Schrittweite von 0,05.

Fixiert wird die Geometrie mit Hilfe eines Loslagers und eines Festlagers (Bild 5.8.16). Damit das Modell statisch bestimmt ist, müssen jetzt noch die Rotationsfreiheitsgrade blockiert werden und abschließend über eine Symmetriebedingung die Verschiebung in z-Richtung (Zeichenebene).

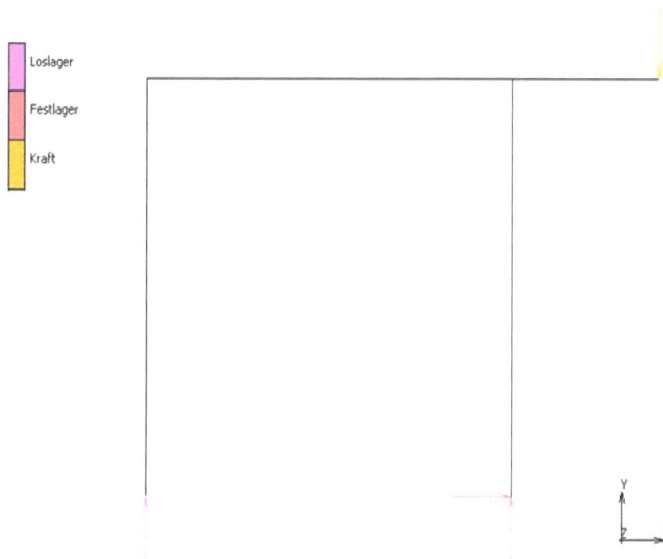

Bild 5.8.16: Geometrie mit Randbedingungen

Nach einer Rechenlaufzeit von gerade einmal 0,43 Sekunden werden die Ergebnisse dargestellt.

In Bild 5.8.17 sind die Verschiebungen in y-Richtung (vertikal) und in x-Richtung (horizontal) erkennbar. Die maximale Verschiebung am Knoten 35 in den jeweiligen Richtungen wird mit Hilfe einer Plot-Funktion ermittelt.

Die maximale Verschiebung in xX-Richtung beträgt 0,0073524 mm und die maximale Verschiebung in y-Richtung beträgt 0,00441029 mm.

Displacement X Node 35	Displacement Y Node 35
0.00773524 mm	-0.00441029 mm

Analytisch sind für $x_{max}=0{,}007619$ mm und für $y_{max}=0{,}004267$ mm er-rechnet worden. Diese Werte werden mit Hilfe der Finite-Elemente-Methode bestätigt. Die Abweichung beträgt in x-Richtung 3,5 % und in y-Richtung 3,25 %.

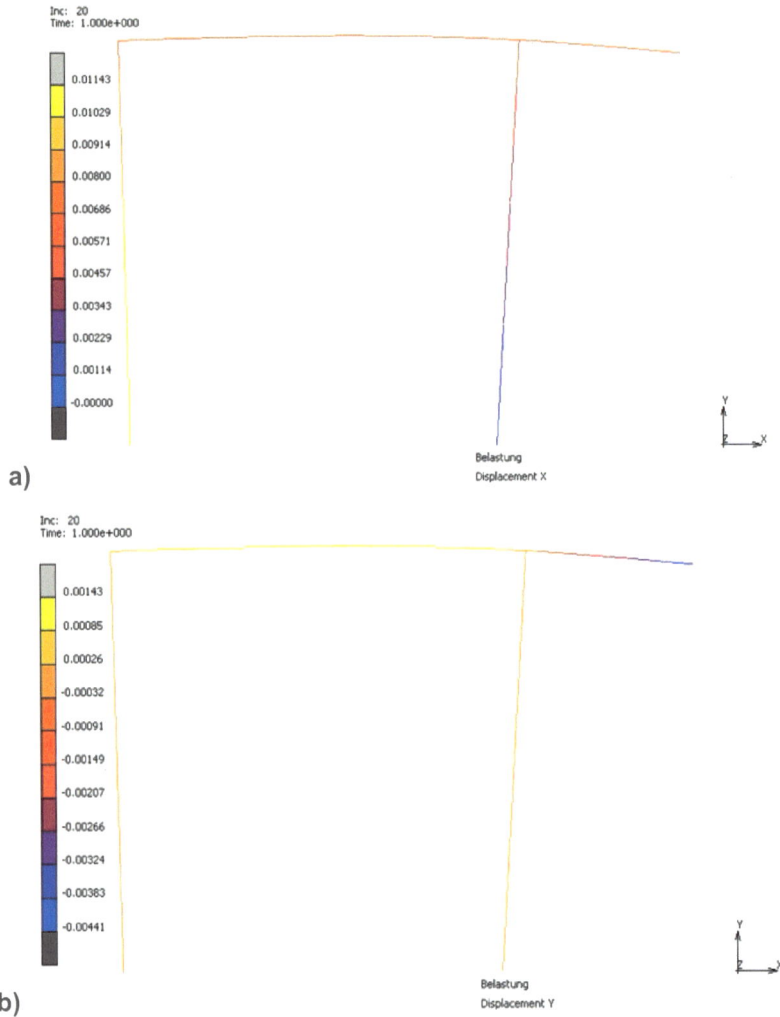

a)

b)

Bild 5.8.17: Verschiebungen ; a) in x- Richtung; b) in y-Richtung jeweils in mm

Damit sind die Steifigkeitswerte der Ersatzsteifigkeiten validiert.

Berechnung der zeitabhängigen Lasteinleitung

Damit das Verhalten der Krafteinleitung in das System auch möglichst realistisch abgebildet werden kann, wird das die Einleitung über eine Last-Zeit-Funktion gewählt.

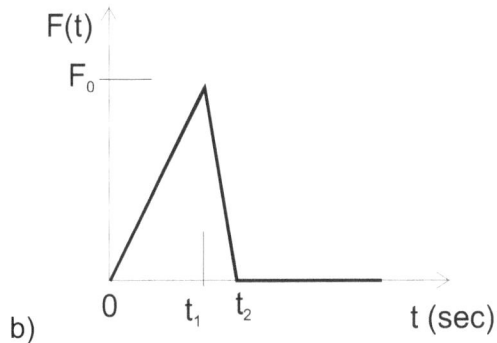

b)

Bild 5.8.8 Last-Zeit-Funktion mit F_0 = 1000N, t_1 = 0,1 s, t_2= 0,4 s

Aufstellen der Bewegungsgleichung

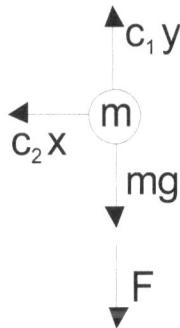

Bild 5.8.9 Schnittbild

Aufstellen der Bewegungsgleichungen in x- und y-Richtung

$$(5.8.16): \quad m\,\ddot{x} + c_2\,x = 0,$$

$$(5.8.17): \quad m\,\ddot{y} + c_1\,y = m\,g + F(t),$$

Die Betrachtung in x- Richtung ist nicht nötig, da in dieser Richtung keinerlei Horizontalkräfte wirken.

Für die Belastung $F(t)$ ergibt sich durch Division durch die Masse m

lösbar und mit der Eigenkreisfrequenz $\omega = \sqrt{\dfrac{c_1}{m}}$

$$(5.8.18): \quad \ddot{y} + \omega^2\,y = g + \frac{F(t)}{m}.$$

Der Term g liefert wieder die statische Auslenkung infolge des Eigengewichts.

Die Lösung des homogenen Systems lautet

$$(5.8.19): \quad y_{hom} = A\,\cos\omega t + B\,\sin\omega t,$$

die Lösung der inhomogenen Differentialgleichung wird durch einen Partikularansatz bestimmt. Dazu muss der Zeitbereich in drei Bereiche aufgeteilt werden:

Bereich 1: $0 \leq t \leq t_1$:

Mit den Anfangsbedingungen $y_{01} = y_0$ und $\dot{y}_{01} = \dot{y}_0$.

Die Last-Zeit-Funktion im Bereich 1: $0 \leq t \leq t_1$

$$(5.8.20): \quad F_1(t) = \frac{F_0}{t_1}\,t$$

lässt sich über die Geradenfunktion mit der Zwei-Punkte-Formel bestimmen

$$(5.8.21): \quad \ddot{y} + \omega^2\, y = g + \frac{1}{m}\frac{F_0}{t_1}\, t,$$

Mit dem partikulären Ansatz

$$(5.8.22): \quad y_{1\,part} = C_1 t + D_1$$

$$(5.8.23): \quad y_{1\,part} = \frac{1}{c_1}\frac{F_0}{t_1}\, t + \frac{gm}{c_1}.$$

Folgt die Gesamtlösung für y_{1ges}

$$(5.8.24): \quad y_{1\,ges} = A_1\cos\omega t + B_1\sin\omega t + \frac{mg}{c_1} + \frac{1}{c_1}\frac{F_0}{t_1}\, t.$$

Die Anfangsbedingungen y_{01} und $\dot{y}_{01}$ führen zu

$$(5.8.25): \quad A_1 = y_{01} - \frac{mg}{c_1},$$

$$(5.8.26): \quad B_1 = \frac{1}{\omega}\left(\dot{y}_{01} - \frac{1}{c_1}\frac{F_0}{t_1}\right).$$

Damit ergibt sich die Gesamtlösung für den 1. Bereich

$$(5.8.27): \quad y_{1ges} = \left(y_{01} - \frac{mg}{c_1}\right)\cos\omega t + \frac{1}{\omega}\left(\dot{y}_{01} - \frac{1}{c_1}\frac{F_0}{t_1}\right)\sin\omega t$$

$$+ \frac{mg}{c_1} + \frac{1}{c_1}\frac{F_0}{t_1}\,t,$$

$$(5.8.28): \quad \dot{y}_{1ges} = -\omega\left(y_{01} - \frac{mg}{c_1}\right)\sin\omega t + \left(\dot{y}_{01} - \frac{1}{c_1}\frac{F_0}{t_1}\right)\cos\omega t$$

$$+ \frac{1}{c_1}\frac{F_0}{t_1}.$$

Bereich 2: $t_1 \le t \le t_2$:

Mit der Geradengleichung für F(t)

$$(5.8.29): \quad F_2(t) = \frac{1}{m}\left[-\frac{F_0}{t_2 - t_1}\,t + F_0\,\frac{t_2}{t_2 - t_1}\right] = \frac{1}{m}\left[\frac{F_0}{t_2 - t_1}(-t + t_2)\right],$$

Folgt die inhomogene Differentialgleichung

$$(5.8.30): \quad \ddot{y} + \omega^2\,y = g + \frac{1}{m}\frac{F_0}{t_2 - t_1}(-t + t_2)$$

mit der Partikularlösung

$$(5.8.31): \quad y_{2part} = \frac{mg}{c_1} + \frac{1}{c_1}\frac{F_0}{t_2 - t_1}(t_2 - t).$$

Eingesetzt in die Gesamtlösung für den 2. Bereich

$$(5.8.32): \quad y_{2ges} = A_2\cos\omega t + B_2\sin\omega t + \frac{mg}{c_1} + \frac{1}{c_1}\frac{F_0}{t_2 - t_1}(t_2 - t),$$

$$(5.8.33): \quad \dot{y}_{2ges} = -\omega A_2 \sin\omega t + \omega B_2 \cos\omega t - \frac{1}{c_1}\frac{F_0}{t_2 - t_1}.$$

So ergeben sich mit den Anfangsbedingungen ein Gleichungssystem für die Konstanten A_2 und B_2

$$(5.8.34): \quad y_{02}(t = t_1) = y_1(t_1) = \left(y_{01} - \frac{mg}{c_1}\right)\cos\omega t_1$$

$$+ \frac{1}{\omega}\left(\dot{y}_{01} - \frac{1}{c}\frac{F_0}{t_1}\right)\sin\omega t_1 + \frac{mg}{c_1} + \frac{1}{c_1}\frac{F_0}{t_1}t_1,$$

$$(5.8.35): \quad \dot{y}_{02}(t = t_1) = \dot{y}_1(t_1) = -\omega\left(y_{01} - \frac{mg}{c_1}\right)\sin\omega t_1$$

$$+ \left(\dot{y}_{01} - \frac{1}{c_1}\frac{F_0}{t_1}\right)\cos\omega t_1 + \frac{1}{c_1}\frac{F_0}{t_1}.$$

$$(5.8.36): \quad A_2\cos\omega t_1 + B_2\sin\omega t_1$$

$$+ \frac{mg}{c_1} + \frac{1}{c_1}\frac{F_0}{t_2 - t_1}(t_2 - t_1) = \left(y_{01} - \frac{mg}{c_1}\right)\cos\omega t_1$$

$$+ \frac{1}{\omega}\left(\dot{y}_{01} - \frac{1}{c_1}\frac{F_0}{t_1}\right)\sin\omega t_1 + \frac{mg}{c_1} + \frac{1}{c_1}\frac{F_0}{t_1}t_1$$

$$\Rightarrow A_2\cos\omega t_1 + B_2\sin\omega t_1 = \left(y_{01} - \frac{mg}{c_1}\right)\cos\omega t_1 + \frac{1}{\omega}\left(\dot{y}_{01} - \frac{1}{c_1}\frac{F_0}{t_1}\right)\sin\omega t_1$$

$$(5.8.37): \quad -\omega A_2\sin\omega t_1 + \omega B_2\cos\omega t_1 - \frac{1}{c_1}\frac{F_0}{t_2 - t_1}$$

$$= -\omega\left(y_{01} - \frac{mg}{c_1}\right)\sin\omega t_1 + \left(\dot{y}_{01} - \frac{1}{c_1}\frac{F_0}{t_1}\right)\cos\omega t_1 + \frac{1}{c_1}\frac{F_0}{t_1}$$

$$\Rightarrow -\omega A_2\sin\omega t_1 + \omega B_2\cos\omega t_1 = \frac{1}{c_1}\frac{F_0}{t_1(t_2 - t_1)}t_2 - \omega\left(y_{01} - \frac{mg}{c_1}\right)\sin\omega t_1$$

$$+ \left(\dot{y}_{01} - \frac{1}{c_1}\frac{F_0}{t_1}\right)\cos\omega t_1,$$

in Determinantenschreibweise

(5.8.38):

A_2 B_2 $\|$ rechte Seite

$$
\begin{vmatrix}
\cos\omega t_1 & \sin\omega t_1 \\
-\omega\sin\omega t_1 & \omega\cos\omega t_1
\end{vmatrix}
\left\|
\begin{array}{l}
(y_{01} - \dfrac{mg}{c_1})\cos\omega t_1 \\[2mm]
+\dfrac{1}{\omega}(\dot{y}_{01} - \dfrac{1}{c_1}\dfrac{F_0}{t_1})\sin\omega t_1 \\[4mm]
\dfrac{1}{c_1}\dfrac{F_0}{t_2-t_1}\dfrac{t_2}{t_1} - \omega(y_{01} - \dfrac{mg}{c_1})\sin\omega t_1 \\[2mm]
+(\dot{y}_{01} - \dfrac{1}{c_1}\dfrac{F_0}{t_1})\cos\omega t_1
\end{array}
\right.
$$

(5.8.39):

A_2 B_2 $\|$ rechte Seite

$$
\begin{array}{cc||c}
a_{11} & a_{12} & r_1 \\[4mm]
a_{21} & a_{22} & r_2
\end{array}
$$

Die Lösungen

(5.8.40): $A_2 = \dfrac{r_1 a_{22} - r_2 a_{12}}{a_{11} a_{22} - a_{12} a_{21}}$,

(5.8.41): $B_2 = \dfrac{-r_1 a_{21} + r_2 a_{11}}{a_{11} a_{22} - a_{12} a_{21}}$.

Bereich 3: $t_2 \leq t \leq t_3$:

$(5.8.42):$ $F_3(t) = 0,$

$(5.8.43):$ $\ddot{y} + \omega^2\, y = g.$

Damit ergeben sich die Lösungen zu

$(5.8.44):$ $y_{3\,ges} = A_3\,\cos\omega t + B_3\,\sin\omega t + \dfrac{mg}{c_1},$

$(5.8.45):$ $\dot{y}_{3\,ges} = -\,\omega A_3\,\sin\omega t + \omega B_3\,\cos\omega t$

und den Anfangsbedingungen

$(5.8.46):$ $y_{03}(t_2) = y_2(t_2)$

$= A_2\,\cos\omega t_2 + B_2\,\sin\omega t_2 + \dfrac{mg}{c_1}$

$\Rightarrow A_3\,\cos\omega t_2 + B_3\,\sin\omega t_2 = A_2\,\cos\omega t_2 + B_2\,\sin\omega t_2 + \dfrac{mg}{c_1},$

$(5.8.47):$ $\dot{y}_{03}(t_2) = \dot{y}_2(t_2)$

$= -\,\omega A_2\,\sin\omega t_2 + \omega B_2\,\cos\omega t_2 - \dfrac{1}{c_1}\dfrac{F_0}{t_2 - t_1}$

$\Rightarrow -\omega A_3\,\sin\omega t_2 + \omega B_3\,\cos\omega t_2 = -\,\omega A_2\,\sin\omega t_2 + \omega B_2\,\cos\omega t_2$

$-\dfrac{1}{c_1}\dfrac{F_0}{t_2 - t_1}$

Das Gleichungssystem in Determinantenschreibweise

(5.8.48):

A_3	B_3	‖	rechte Seite

$$
\begin{array}{cc|c}
\cos\omega t_2 & \sin\omega t_2 & A_2\cos\omega t_2 + B_2\sin\omega t_2 \\
-\omega\sin\omega t_2 & \omega\cos\omega t_2 & -\omega A_2\sin\omega t_2 + \omega B_2\cos\omega t_2 - \dfrac{1}{c_1}\dfrac{F_0}{t_2 - t_1}
\end{array}
$$

(5.8.50):

A_3	B_3	‖	rechte Seite

$$
\begin{array}{cc|c}
c_{11} & c_{12} & d_1 \\
c_{21} & c_{22} & d_2
\end{array}
$$

Die Lösungen

(5.8.51):
$$
A_3 = \frac{d_1\,c_{22} - d_2 c_{12}}{c_{11}\,c_{22} - c_{12}\,c_{21}},
$$

(5.8.52):
$$
B_3 = \frac{-d_1\,c_{12} + d_2 c_{11}}{c_{11}\,c_{22} - c_{12}\,c_{21}}.
$$

Damit ergeben sich die Systemantworten zu

(5.8.53):
$$
y_{3\,ges} = A_3\cos\omega t + B_3\sin\omega t + \frac{mg}{c_1},
$$

(5.8.54):
$$
\dot{y}_{3\,ges} = -\omega A_3\sin\omega t + \omega B_3\cos\omega t
$$

Auswertung mit EXCEL

Die analytische Lösung des Schwingungsverhaltens wird nun in EXCEL übertragen.

Vorteilhaft daran ist, dass man die Werte auch später wieder ändern kann und sich das System automatisch anpasst. Damit kann das Verhalten der Systemantworten in Diagrammen dargestellt werden. [bund-ex-5-8-rahmen.xlsx]

Auf dem Blatt mit dem Namen „Berechnung", befindet sich die komplette von der Analytik übertragende Schwingungsberechnung (Bild 5.8.10).

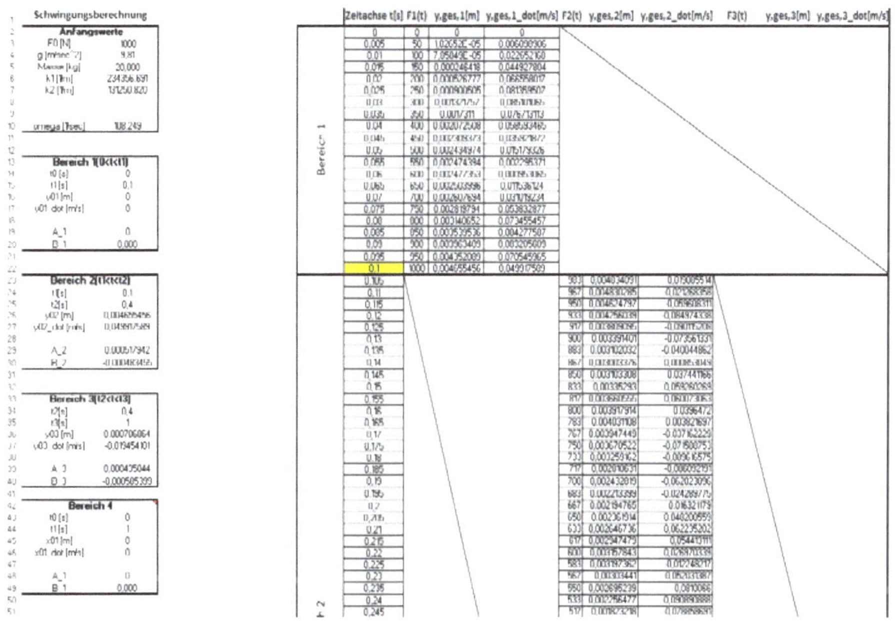

Bild 5.8.10: EXCEL-Berechnung

Links stehen die vordefinierten Anfangswerte sowie die einzelnen Bereiche der Schwingungsanalyse aufgrund der zu betrachteten Last-

Zeit-Funktion. Im Bereich 4 ist die Schwingung in x- Richtung dargestellt, die für alle Bereiche zu Null wird.

Auf der rechten Seite sind die entsprechenden Werte zu erkennen,
die nötig sind, um das Verhalten der Schwingung auch in Diagrammen darzustellen.

Diese Tabelle besteht aus insgesamt zehn Spalten, wobei die erste
Spalte die einzelnen Zeitschritte der unterschiedlichen Krafteinlei-
tungsbereiche darstellt. Es wird eine Schrittweite von 0,005 Sekunden
gewählt. Die Größe der Schrittweite wird so gewählt, damit im
Schwingungsdiagramm die Schwingungen deutlich zu erkennen sind.

Der Bereich 1 und somit die Einleitung der Last erfolgt in 0,1 Sekunden. Die zweite Spalte enthält die dazu vorliegende Kraftgröße F(t). In
Spalte 3 wird der entsprechende Schwingungsausschlag zu der Zeit t
ermittelt und in Spalte 4 die Geschwindigkeit. Die Spalten 5- 10 folgen
demselben Prinzip für die anderen Bereiche 2-3. Dabei ist der 2. Bereich die Dauer der Wegnahme der von außen aufgeprägten Last F(t).
Dies erfolgt in einer Zeit von 0,3 Sekunden. Der 3. und letzte Bereich
gilt lediglich für das Ausschwingen des Systems. Da bei diesem System keine Dämpfung betrachtet wird, klingt das System nicht ab, sondern schwingt immer weiter.

Mit Hilfe der so ermittelten Werte lassen sich 3 unterschiedliche Diagramme darstellen.

Zum einen kann mit Hilfe von F(t) der Kraftverlauf der von außen ein-
geprägten Last dargestellt werden. Dieses Verhalten ist in Abbildung
7 zu erkennen.

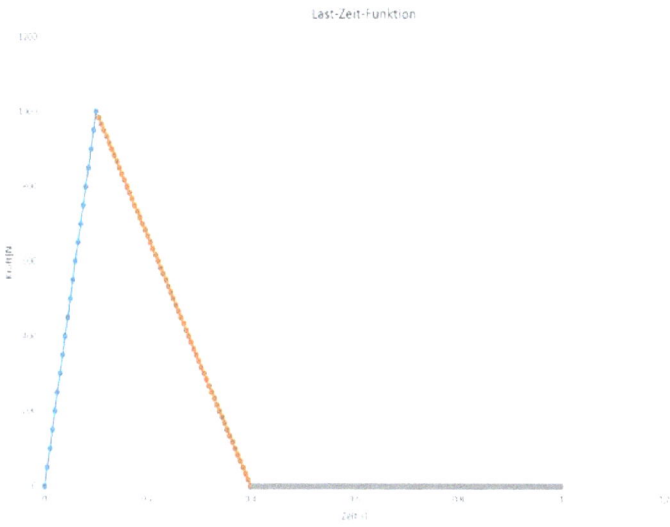

Bild 5.8.11: Last- Zeit- Funktion

Über die Berechnung der Amplitudenausschläge y_{ges} für die unterschiedlichen Bereiche wird das Antwortverhalten des Systems in y-
Richtung, das heißt in vertikaler Richtung dargestellt.

Bild 5.8.12: Amplitudenausschläge in y-Richtung

Bild 5.8.12 zeigt, dass die Antwort der Dreiecksform der Lasteinleitung folgt.

Die maximale Amplitude des Systemverhaltens liegt im Bereich der Krafteinleitung. Dieses Verhalten war zu erwarten. Sie beträgt 0,0048302 m, umgerechnet also 4,8302 mm.

In Bild 5.8.132 wird die Geschwindigkeit der Schwingung in Abhängigkeit von der Zeit dargestellt.

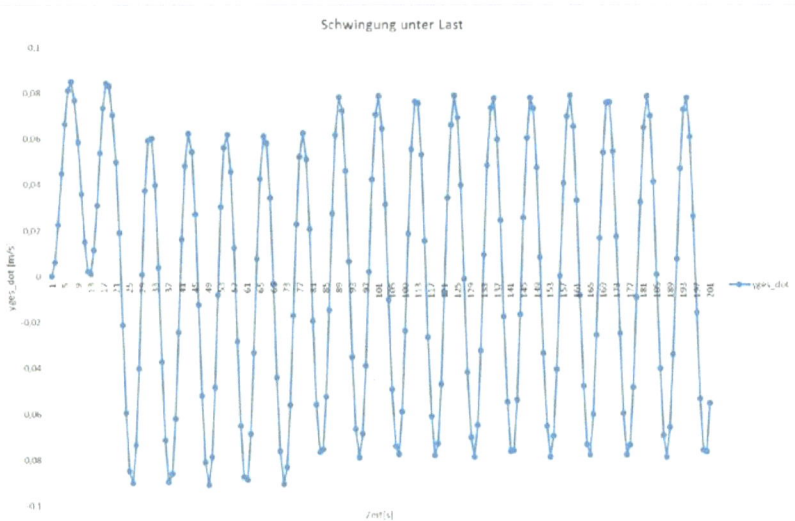

Bild 5.8.13: Geschwindigkeitsverlauf in y-Richtung der Schwingung

Auch hier sind noch die einzelnen Bereiche der Lasteinleitung identifizierbar welche einen Einfluss auf das Geschwindigkeitsprofil haben.

Auf dem letzten Blatt in EXCEL mit dem Namen „Vergleich_Matlab_Excel" werden die Resultate aus der Berechnung der Auslenkung und Geschwindigkeit mittels EXCEL und MATLAB gegenübergestellt. Dieses ist in Abbildung 10 dargestellt.

Excel- Werte		MATLAB_ Werte		Abweichung		Max. Abweichungen	
y,ges[m]	y,ges_dot[m/s]	y,ges[m]	y,ges_dot[m/s]	y,ges[m]	y,ges_dot[m/s]	Δy,ges[m]	Δy,ges_dot[m/s]
0	0	0	0	0,00001+00	0	1,6358E-05	0,001756418
1,0265,2E-05	0,0060988906	1,03E-05	0,0060993212	1,05941-09	1,06184E-07		
7,85849E-05	0,0226521188	7,85E-05	0,0226525552	4,00491-08	3,84615E-07		
0,000246418	0,049927804	0,000246244	0,044942589	1,74031-07	1,47659E-05		
0,00052677	0,066558037	0,000526803	0,066572245	2,67391-08	1,42289E-05		
0,000900505	0,081359907	0,000900663	0,081389754	1,58461-07	3,02465E-05		
0,00132175,7	0,085101065	0,001122042	0,085096977	2,85841-07	4,08751E-06		
0,0017111	0,076713111	0,001731502	0,076707573	4,02131-07	5,54047E-06		
0,002072508	0,058593465	0,00207269	0,058551166	1,81721-07	4,22985E-05		
0,002309173	0,035921872	0,002309873	0,035865502	4,99981-07	5,63708E-05		
0,002434974	0,015179126	0,002434539	0,01511242	4,34851-07	6,6906E-05		
0,002474394	0,002295171	0,002473697	0,002261542	6,97011-07	1,38296E-05		
0,00247335,3	0,00095,1065	0,002476576	0,000962449	7,77731-07	9,1841E-06		
0,002503996	0,011536124	0,002503176	0,011589903	6,19521-07	5,37798E-05		
0,002607694	0,031019214	0,002603759	0,031103908	3,35081-07	8,46719E-05		
0,002819794	0,058384287	0,002819872	0,058925982	2,78081-08	9,3005E-05		
0,003140652	0,073455457	0,003141269	0,073544681	6,17291-07	8,92337E-05		
0,003539536	0,084277587	0,003540489	0,084314115	9,52471-07	3,652811E-05		
0,003961409	0,083205609	0,003964563	0,083189427	1,15451-06	1,61821E-05		
0,004352089	0,070545965	0,004352884	0,070455199	7,94991-07	9,07663E-05		
0,004665456	0,049917589	0,004656028	0,049499891	5,71601-07	0,000421695		
0,004814091	0,019085514	0,004831189	0,018506103	2,90231-06	0,000579411		
0,004830285	0,021268358	0,004482512	0,021600472	5,16561-06	0,000335914		
0,004624797	0,059608311	0,004618664	0,059461778	6,13361-06	9,46861E-05		
0,004256019	0,084974338	0,004250699	0,08462661	5,33991-06	0,000347729		
0,001809009	0,090115208	0,001806118	0,089529894	2,97721-06	0,000585114		
0,001191401	0,073561133	0,00139148	0,072886617	7,88171-08	0,000674734		

Bild

5.8.14: Wertevergleich EXCEL und MATLAB

Wie in der Abbildung zu erkennen, sind in den ersten beiden Tabellen die entsprechenden Werte von EXCEL und MATLAB aufgestellt.

Die darauffolgende Tabelle zeigt zu jedem Zeitpunkt die Abweichungen zwischen den beiden Analysearten.

Entscheidend jedoch sind die beiden Werte unter dem Hauptbegriff „Max. Abweichungen" mit den größten Differenzen zwischen den Werten y_{ges} und $y_{ges,dot}$.

An diesen Werten wird deutlich das aufgrund der geringen Abweichung die Analyse von EXCEL und MATLAB ausreichend genau genug übereinstimmen.

Berechnung mit MATLAB

Die angenäherte Lösung der Differentialgleichung, die in (5.8.55) abgebildet ist, wird mit den Dateien

- o Projekt.m,
- o Kraftfunktion.m und
- o DGL.m

berechnet. Die Datei „Projekt.m" ist ein Skript, mit dem die Berechnung angestoßen wird. Die anderen beiden Dateien sind Funktionen,
die zur Modularität und Übersichtlichkeit des Programms beitragen.

$$(5.8.55): \quad M\,\ddot{x}(t) + k\,x = F(t),$$

Der Programmdurchlauf ist im Blockdiagramm Bild 5.8.18 dargestellt.

Das Script „DGL.m" beschreibt die Differentialgleichung des Feder-
Massesystems. Um eine Differentialgleichung 2.Ordnung mit dem
ode45 Solver lösen zu können, muss diese in zwei Differentialgleichungen 1.Ordnung umgewandelt werden.

$$(5.8.56): \quad \frac{d}{\partial t}\begin{bmatrix} y_1(t) \\ y_2(t) \end{bmatrix} = \begin{bmatrix} y_2(t) \\ \dfrac{1}{M} * F(t) - \dfrac{k}{M} * y_1(t) \end{bmatrix}$$

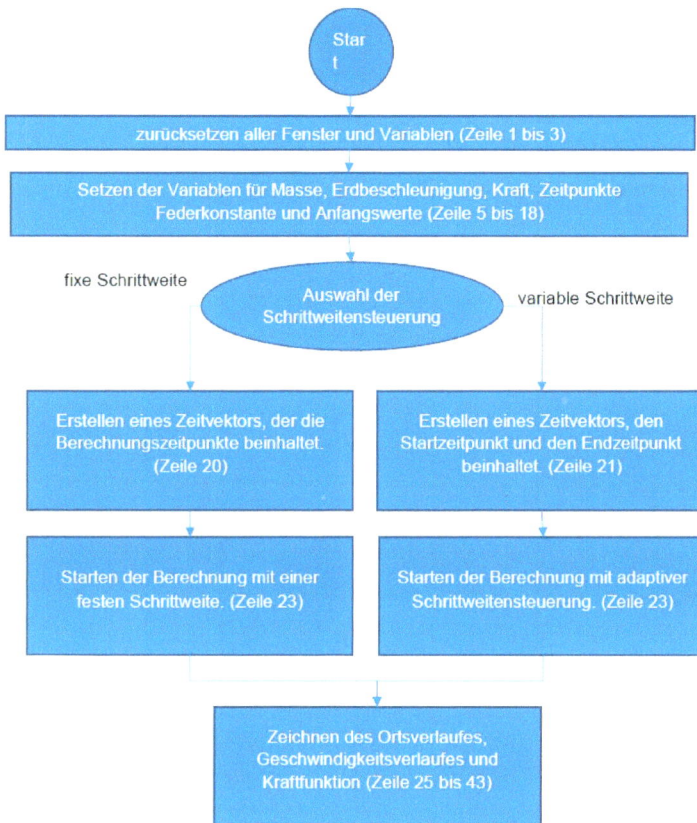

Bild 5.8.18: Blockdiagram des Programmablaufes

Start

zurücksetzen aller Fenster und Variablen (Zeile 1 bis 3)

Setzen der Variablen für Masse, Erdbeschleunigung, Kraft, Zeitpunkte Federkonstante und Anfangswerte (Zeile 5 bis 18)

fixe Schrittweite

Auswahl der Schrittweitensteuerung

variable Schrittweite

Erstellen eines Zeitvektors, der die Berechnungszeitpunkte beinhaltet. (Zeile 20)

Erstellen eines Zeitvektors, den Startzeitpunkt und den Endzeitpunkt beinhaltet. (Zeile 21)

Starten der Berechnung mit einer festen Schrittweite. (Zeile 23)

Starten der Berechnung mit adaptiver Schrittweitensteuerung. (Zeile 23)

Zeichnen des Ortsverlaufes, Geschwindigkeitsverlaufes und Kraftfunktion (Zeile 25 bis 43)

```matlab
1.   close all % schließen aller Fenster
2.   clear % löschen aller Variablen
3.   clc % löschen aller Ausgaben
4.
5.   global k M F0 t1 t2; % Globale Variablen erstellen (in allen Skripten
     sichtbar)
6.
7.   M = 10; % [kg] Masse
8.   g = 9.81; % [m/s^2] Erdbeschleunigung
9.   F0 = 1000; % [N] Kraft am Scheitelpunkt
10.  t1 = 0.01; % [s] Zeitpunkt, an dem die Kraft ihr Maximum erreicht
11.  t2 = 0.05; % [s] Zeitpunkt, an dem die Kraft wieder auf 0 sinkt
12.  k = 234.357 * 1000; % [N/m] Federkonstante
13.
14.  x_dot0_start = 0; % [m] Anfangsposition
15.  x_dot1_start = 0; % [m/s] Anfangsgeschwindigkeit
16.
17.  h = 0.025; % [s] Schrittweite
18.  tEnd = 0.5; % [s] Endzeitpunkt
19.
20.  % t = 0:h:tEnd; % [s] Zeitvektor mit konstanter Schrittweite
21.  t = [0 tEnd]; % [s] Zeitvektor für adaptive Schrittweitensteuerung
22.
23.  [T,x] = ode45('DGL',t,[x_dot0_start;x_dot1_start]); % aufruf des ODE-
     Solvers
24.
25.  hFig = figure(1); % neues Fenster öffnen
26.  set(hFig, 'Position', [200 0 800 600]);
27.  set(hFig, 'MenuBar', 'none');
28.  set(hFig, 'Name', 'Ergebnisansicht');
29.  subplot(2,1,1);
30.  hold on % das Zeichnen mehrerer Figuren erlauben
31.  plot(T,x(:,1)) % Zeichnen des Ortsverlaufes (blau)
32.  plot(T,x(:,2)) % Zeichnen des Geschwindigkeitsverlaufes (rot)
33.  title('Orts- und Geschwindigkeitsverlauf'); % Titel des Subplots
     setzen
34.  xlabel('Zeit in Sekunden');
35.  ylabel({'Position in Meter'; 'Geschwindigkeit in Meter/Sekunde'});
36.  legend('Position','Geschwindigkeit');
37.
38.  subplot(2,1,2);
39.  plot(T,Kraftfunktion(T))
40.  title('Kraftfunktion'); % Titel des Subplots setzen
41.  xlabel('Zeit in Sekunden');
42.  ylabel('Kraft in Newton');
43.  legend('Kraft');
```

Bild 5.8.19: Programm „Projekt.m"

```
1. function [ dx ] = DGL( t, x )
2.     % Uebergabefunktion an den ode45 Solver.
3. % Zerlegung einer DGL 2.Ordnung in zwei DGLs 1.Ordnung
4.     % DGL 2.Ordnung: M * x_dot2 + k*x_dot0 = F
5.
6.     global k M; % globale Variablen aus der Project.m
7.
8.     x_dot0 = x(1); % Ort des Massepunkts zum Zeitpunkt t
9. x_dot1 = x(2); % Geschwindigkeit des Massepunkts zum Zeitpunkt t
10.
11. F = Kraftfunktion(t); % einwirkende Kraft auf den Massepunkt zum Zeitpunkt t
(keine Gewichtskraft! Da von der Ruhelage gestartet wird.)
12.
13. dx = [x_dot1; -k/M * x_dot0 + F/M]; % Beschreibung der DGL wie in Gleichung
    2
14.
15. end
```

Bild 5.8.19: Programm „DGL.m"

```
1. function [ F ] = Kraftfunktion ( t )
2.     % Ausgabe der Kraft für einen Zeitpunkt
3. % Die Funktion besteht aus 3 Teilen
4.     %  1. steigende Gerade mit y(0)=0 und y(Ende)=F
5. %   2. fallende Gerade mit y(Start)=F und y(Ende)=0
6.     %  3. konstanter Wert y=0
7.
8.     global F0 t1 t2;
9.
10.    m1 = F0/t1;
11. m3 = F0/(t2-t1);
12.    m2 = -(m1+m3);
13.
14.    F = t.*m1 + min(t.*m2,t1*m2) - t1.*m2 + max(t.*m3,t2*m3) - t2*m3;
15.
16. end
```

Bild 5.8.20: Programm „Kraftfunktion.m"

Die aufgebrachte Kraft hat eine Dreiecksform. Diese lässt sich durch
Superposition der Funktionen aus Bild 5.8.21 erstellen. Im Programm
werden die Funktionen aus a, d und a kombiniert. Es ist aber auch eine Kombination c und b möglich. Der erste Anteil (a) wird dabei vereinfacht dargestellt, da die Werte x_1 und y_1 gleich Null sind.

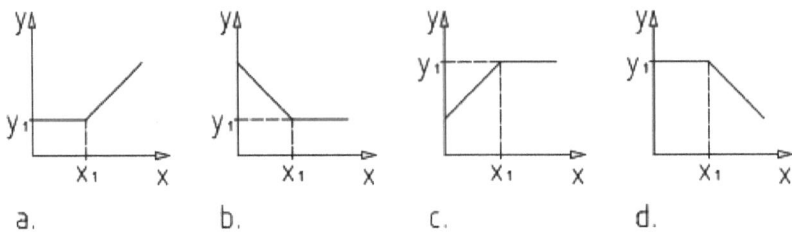

Bild 5.8.21: Programm Funktionsverläufe von a, b, c, d

Die Verläufe in Bild 5.8.21 lassen sich mit den Gleichungen (5.8.57) und (5.8.58) erstellen.

Es gilt

$$(5.8.57): \quad y(x) = \max(x * m; x_1 * m) - x_1 * m + y_1 \text{ für a und b,}$$

$$(5.8.58): \quad y(x) = \min(x * m; x_1 * m) - x_1 * m + y_1 \text{ für c,}$$

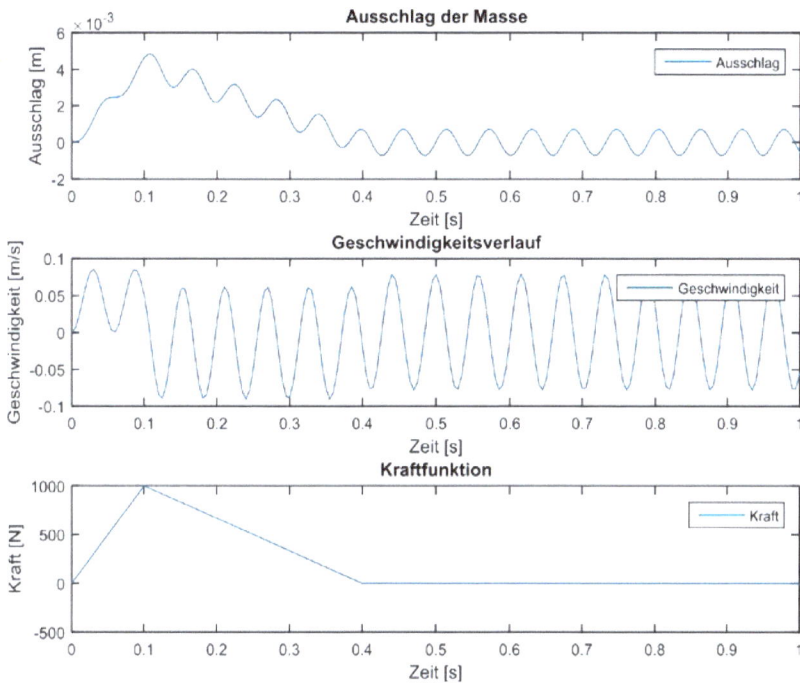

Bild 5.8.22: Ergebnis Plot des „Projekt.m"-Scripts

Transiente Berechnung mit Hilfe der Finite-Elemente-Methode

Wie auch schon bei der statischen Finite-Elemente Berechnung zuvor, sind zur dynamischen Betrachtung des Rahmensystems einige Vorbereitungen nötig.

Ziel ist, die Ergebnisse von MATLAB, der analytischen Lösung mit der Finite-Elemente-Methode zu vergleichen.

Vorteil bei dieser dynamischen Berechnung ist, dass die Struktur aus der statischen Berechnung können Elemente und Randbedingungen übernommen werden kann.

Allerdings muss das gesamte Modell in SI-Einheiten überführt werden. Das bedeutet, dass Dichte, E-Modul, Kraft und auch geometrische Bestimmungen wie Flächenträgheitsmoment umgerechnet werden müssen.

Nun werden die Schrittweite und Lasteinbringung implementiert.

In diesem Modell ist der Lastverlauf einfach seitens der Finite-Elemente-Methode, ein einfacher vier Punkte Verlauf (siehe analytische Schwingungsberechnung oben) wird manuell eingegeben. Dazu sind jeweils die x- und y-Koordinate notwendig.

Bei der Schrittweite muss der Anwender sich durch empirische Variation zum richtigen Ergebnis hinarbeiten.

Ziel ist, dass die Schrittweite so klein wie nötig und so groß wie möglich gewählt wird. Pro ausgeführte Halbschwingung des Systems sollten mindestens fünf Schritte durchgeführt werden, um eine genaue Abbildung der Reaktion abbilden zu können.

Eine zu hohe Schrittanzahl wirkt sich wiederum negativ auf die Rechnerperformance aus. Man geht von der ersten Eigenfrequenz des Systems aus und betrachtet diese als Startgröße zur Berechnung der Schrittweite. Im Laufe der Untersuchung des Finite-Elemente-Modells wird dann deutlich, ob dies ausreicht.

Freq: 3.266e+001

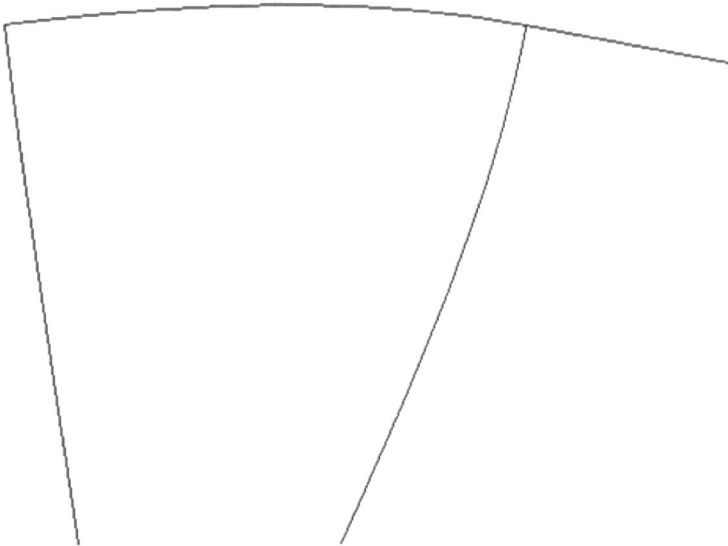

Bild 5.8.23: Erste Eigenform des Systems bei 32,66 Hz

Hier wird zur Ermittlung der Ausgangsschrittweite die Frequenz von 32,66 Hz (Bild 5.8.23) verwendet. Die verformte Struktur der ersten Eigenform (Eigenmode oder Mode) entspricht dabei der statischen Verformung (Validierung der Steifigkeit).

Mit folgender Rechnung ergibt sich die kleinste sinnvolle Startfrequenz

$$(5.8.59): \quad \text{Schrittweite}_{min} = \frac{1}{32{,}66\text{Hz} * 10} = 0{,}003062\,\text{s}.$$

Sobald die minimale Schrittweite festgestellt wurde, beginnt die transiente Berechnung.

Das Ergebnis ähnelt dem Verlauf der analytischen Berechnung und der von MATLAB sehr (Bild 5.8.12, Bild 5.8.22 und Bild 5.8.24).

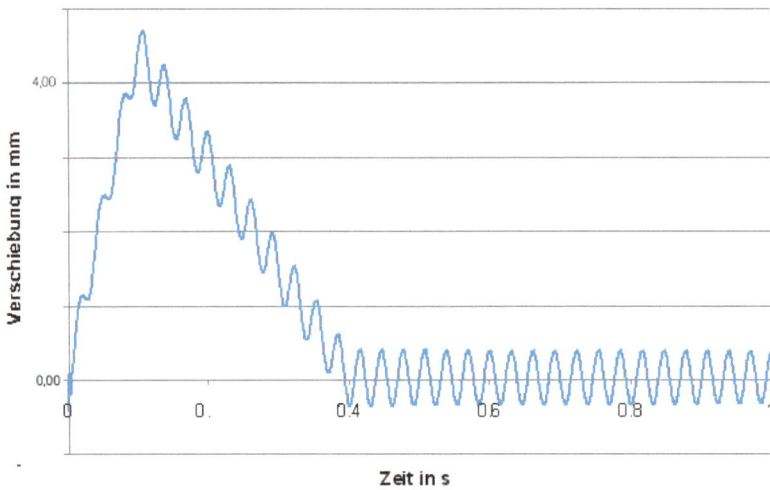

Bild 5.8.24: Amplitudenverlauf der transienten Berechnung in MARC

Bild 5.8.24 zeigt den Verlauf der Amplitude normiert auf eine Schwingung um die Ruhelage. Wie auch in den vorherigen Abschnitten ist der klare Verlauf der Kraftanregung zu erkennen. Ab einer Zeit von 0,4 Sekunden ist die Last abgeklungen und das System schwingt um die statische Ruhelage.

Allerdings weist das Finite-Elemente-Methode Modell auch deutliche Abweichungen hinsichtlich der Höhe der Amplitude auf.

Die maximale Auslenkung beträgt 4,751 mm.

AUFGABE 5.9

      o   Eigenwertproblem

      o   Bestimmung der Eigenformen

      o   Analyse der Komponentenschwingungen in einem Balken

      o   Analytische Analyse mit Hilfe einer Näherungslösung,

- o Auswertung der analytischen Methode mit Hilfe einer EXCEL-Tabelle,

- o Auswertung mit einer numerischen Methode mit dem Programm MATLAB[6],

- o Auswertung mit einer numerischen Methode mit dem Programm NX[7]

Untersucht wird eine Schwingungsanalyse einer Turbinenwelle durchgeführt. Dafür wird zuerst ein vereinfachtes Modell erzeugt, um den Schwerpunkt auf die numerische Berechnung zu begrenzen.

Zur besseren Kontrolle wird das System mit Hilfe von vier verschiedenen Methoden umgesetzt und berechnet, wobei alle Methoden dieselben Ergebnisse erzielen müssen

- o Analytische Analyse mit Hilfe einer Näherungslösung,
- o Auswertung der analytischen Methode mit Hilfe einer EXCEL-Tabelle,
- o Auswertung mit einer numerischen Methode mit dem Programm MATLAB
- o Auswertung mit einer numerischen Methode Finite-Elemente-Methode mit dem Programm NX.

Eine detaillierte Schwingungsanalyse wird detailliert durchgeführt, wobei auf alle Besonderheiten eingegangen wird.

Die Dokumentation ist in der Reihenfolge entsprechend der Methoden aufgebaut. Bei dem vereinfacht dargestellten, mechanischen Versuchsmodell handelt es sich um ein Balkensystem (Bild 5.9.1). Lager

---

[6] von The MathWorks, Inc.

[7] NX von SIEMENS

A ist ein Loslager, in dem sich das globale Koordinatensystem befindet. Lager B ist ein Festlager.

Bild 5.9.1 zeigt die vereinfachte Turbinenwelle. Diese wird durch die Lagerstellen A und B im Raum fixiert, wobei Lager A als Festlager und Lager B als Loslager definiert ist. Die Länge l_1 beschreibt den Abstand der Lagerstellen, die zudem symmetrisch zur Wellenmitte ausgerichtet sind. Die Welle wird auf der rechten Seite durch ein Torsionsmoment M_T belastet. Eine Kraft F als Ersatz für die Turbinenschaufeln wird zwischen den Lagerpunkten A und B eingeleitet, wobei diese durch den Abstand x variabel ist. Die Krafteinleitung auf das System erfolgt linear.

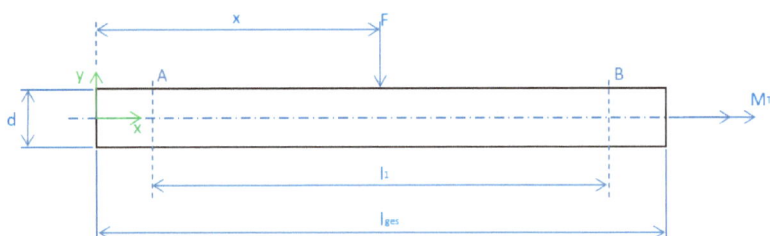

Bild 5.9.1: Vereinfachtes Turbinenmodell

gegeben: F= 1000N, $\Omega = 50\dfrac{1}{sec}$, $F(t) = F_0 cos(\Omega t)$, $M_T = 1000$ Nm,

$M_T(t) = M_T cos(\Omega t)$, $E_{Stahl} = 2{,}1\ 10^5\ \dfrac{N}{mm^2}$; $G_{Stahl} = 7\ 10^4\ \dfrac{N}{mm^2}$,

$\rho = 7{,}8\ 10^{-6}\ \dfrac{kg}{mm^3}$, $g = 9{,}81\dfrac{m}{s^2}$, $EA = \infty$, $l_1 = 8$ m, $l_{ges} = 10$ m, d = 0,8

m, x = 5 m, Drehzahl $n = 60\dfrac{1}{s}$, $x(t=0) = x_0$, $\dot{x}(t=0) = v_0$

gesucht: Zu berechnen sind die Lagerkräfte, die Durchbiegung, die Verdrehung, die Eigenkreisfrequenzen, die Frequenzen und die dynamische (zeitabhängige) Verschiebung.

LÖSUNG

Analytische Schwingungsberechnung

Im ersten Schritt werden die Lagerkräfte, die Durchbiegung, die Verdrehung, die Eigenkreisfrequenzen, die Frequenzen und die dynamische (zeitabhängige) Verschiebung der Turbine analytisch berechnet.

Berechnung der Lagerkräfte

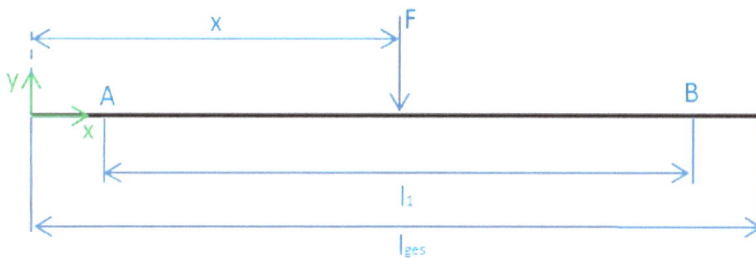

Bild 5.9.2: Lagerkräfte

$(5.9.1):$ $\rightarrow:$ $\sum F_x = 0,$

$(5.9.2):$ $\sum M_A = 0 = F_B\, l_1 - F(x - \dfrac{l_{ges} - l_1}{2})$

$\Rightarrow \quad F_B = \dfrac{F(x - \dfrac{l_{ges} - l_1}{2})}{l_1} = 500\,\text{N},$

$(5.9.3):$ $\rightarrow:$ $\sum F_y = 0 = -F + F_B + F_A \quad \Rightarrow \quad F_A = F - F_B = 500\,\text{N}.$

Berechnung der Durchbiegung – Belastungsfall nach Formelsammlung

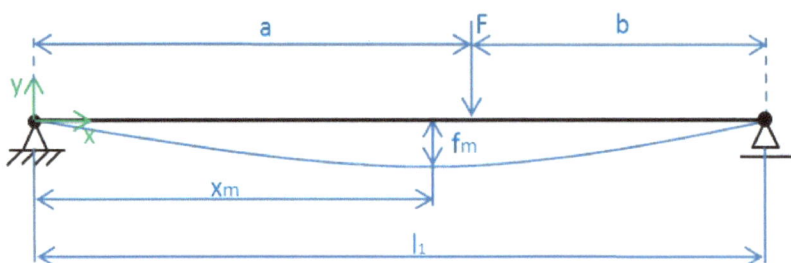

Bild 5.9.3: Durchbiegung

Allgemein gilt für $a > x_m$ ist die Durchbiegung

$$(5.9.4): \quad f_m = \frac{F\,l_1^3}{3\,EI}\,(\frac{a}{l_1})^2(\frac{b}{l_1})^2 .$$

Hier gilt $a = b$ und $a = \dfrac{l_1}{2l}$

$$(5.9.5): \quad f_m = \frac{F\,l_1^3}{48\,EI} .$$

Das Flächenträgheitsmoment des Kreisquerschnitts ist

$$(5.9.6): \quad I = \frac{\pi d^4}{64} = \frac{\pi (0,8)^4}{64} = 0,020106\,\text{m}^4 .$$

Daraus ergibt sich die Durchbiegung zu

$$(5.9.7): \quad f_m = \frac{1000 \; 8_1^3}{48 \; 210 \; 10^9 \; 0{,}020206} \, m = 2{,}5263 \; 10^{-06} \, m$$

$$= 2{,}5263 \; 10^{-03} \, mm \, .$$

Berechnung der Verdrehung

Grundformel für die Verdrehung.

$$(5.9.8): \quad \vartheta(x) = \frac{M_T}{GI_T} \, x + C \, .$$

Das Torsionsträgheitsmoment des Kreisquerschnitts lautet

$$(5.9.9): \quad I_T = \frac{\pi d^4}{32} = \frac{\pi (0{,}8)^4}{32} = 0{,}04021 \, m^4 \, .$$

Damit ergibt sich die Verdrehung zu

$$(5.9.10): \quad \vartheta(I_1) = \frac{1000 \; 8}{70 \; 10^{09} \; 0{,}04021} = 2{,}842 \, 10^{-06} = 1{,}63 \, 10^{-04\circ} \, .$$

Berechnung der Ersatzsteifigkeiten

Zur Berechnung der Eigenkreisfrequenz wird ein Ersatzsystem aufgestellt (Bild 5.9.4).

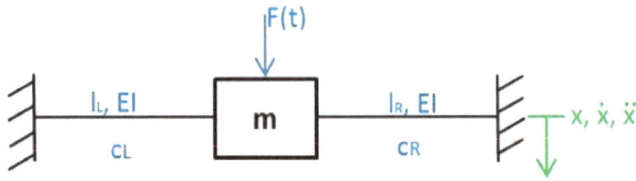

Bild 5.9.4: Ersatzsystem für Frequenzen

Schnittbild des Systems

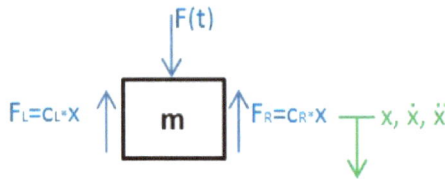

Bild 5.9.5: Freischnitt des Ersatzsystems

Hier gilt $c_L = c_R = \dfrac{c_{Biegung}}{2}$.

$$(5.9.11): \quad C_{Biegung} = \frac{F}{f_m} = \frac{1000}{0,0025263}\frac{N}{m} = 39584067,35\,\frac{N}{m} = \frac{48\,EI}{l_1^3}.$$

$$(5.9.12): \quad C_{Torsiong} = \frac{GI_T}{l_1} = \frac{70\,000\,000\,000 \cdot 0,04021}{8}\,Nm$$

$$= 28148670,76\,Nm = \frac{M_T}{\vartheta}.$$

Aufstellung der partikulären und homogenen Lösung der Differential-gleichung aus der NEWTONschen Bewegungsgleichung.

$$(5.9.13): \quad m\ddot{x} = -F_L - F_R + F(t).$$

Mit den Werten für die Einzelkräfte

$$(5.9.14): \quad m\ddot{x} + c_L x + c_R x = F_0 \cos(\Omega t).$$

$$(5.9.15): \quad m\ddot{x} + (c_L + c_R)x = F_0 \cos(\Omega t).$$

$$(5.9.16): \quad \ddot{x} + (\frac{c_L + c_R}{m})x = \frac{F_0}{m}\cos(\Omega t).$$

Mit der Eigenkreisfrequenz $\omega = \sqrt{\dfrac{c_L + c_R}{m}}$ lautet die inhomogene Differentialgleichung

$$(5.9.17): \quad \ddot{x} + \omega^2 x = \frac{F_0}{m}\cos(\Omega t).$$

Normalerweise hat ein Kontinuum wie ein elastischer Balken unendlich viele Eigenkreisfrequenzen. Da hier aber die Masse auf eine Punktmasse konzentriert und die Steifigkeit durch beidseitige, masselose Biegefedern dargestellt wird, handelt es sich um ein Einmassenschwinger mit nur einem Freiheitsgrad.

Die gesamte Verformung setzt sich aus der homogenen und einer partikulären Lösung zusammen.

$$(5.9.18): \quad x = x_{hom} + x_{part}.$$

Die homogene Lösung lautet

$$(5.9.19): \quad x_{hom} = A\cos\omega t + B\sin\omega t,$$

die partikuläre Lösung lautet

$$(5.9.20): \quad x_{part} = C\cos(\Omega t)$$

Mit den zeitlichen Ableitungen

$$(5.9.21): \quad \ddot{x}_{part} = -\Omega^2 C\cos(\Omega t)$$

Ergibt sich die Konstante aus

$$(5.9.22): \quad -\Omega^2 C\cos(\Omega t) + \omega^2 C\cos(\Omega t) = \frac{F_0}{m}\cos(\Omega t)$$

$$\Rightarrow \quad C = \frac{F_0}{m(-\Omega^2 + \omega^2)}.$$

Daraus ergibt sich die partikuläre Lösung

$$(5.9.23): \quad x_{part} = \frac{F_0}{m(-\Omega^2 + \omega^2)}\cos(\Omega t)$$

und die Gesamtlösung

$$(5.9.24): \quad x_{ges} = A\cos\omega t + B\sin\omega t + \frac{F_0}{m(-\Omega^2 + \omega^2)}\cos(\Omega t)$$

Die Konstanten A und B werden aus den Anfangsbedingungen er-rechnet

$$(5.9.25): \quad x(t=0)=x_0, \qquad \dot{x}(t=0)=v_0.$$

Daraus folgt

$$(5.9.26): \quad A = x_0 - \frac{F_0}{m(-\Omega^2 + \omega^2)}, \quad B = \frac{v_0}{\omega}.$$

Die dynamische Durchbiegung ergibt sich durch Einsetzen der Konstanten für die statische Ruhelage.

$$(5.9.27): \quad x_{ges} = x_0 - \frac{F_0}{m(-\Omega^2 + \omega^2)} \cos\omega t + \frac{v_0}{\omega} \sin\omega t$$
$$+ \frac{F_0}{m(-\Omega^2 + \omega^2)} \cos(\Omega t).$$

Mit $x_0 = 0$ und $v_0 = 0$

$$(5.9.28): \quad x_{ges} = -\frac{F_0}{m(-\Omega^2 + \omega^2)} \cos\omega t + \frac{F_0}{m(-\Omega^2 + \omega^2)} \cos(\Omega t).$$

Berechnung der Wellenmasse

Das Volumen der Welle ist

$$(5.9.29): \quad V = \frac{d^2 \pi}{4} l_1 = \frac{(0,8)^2 \pi}{4} 8\,m^3 = 4{,}021\,m^3.$$

Damit ergibt sich die Masse der Welle zu

$$(5.9.30): \quad m = \rho\,V = 7850 \cdot 4{,}021\,kg = 31566{,}73\,kg.$$

Daraus berechnet sich die Eigenkreisfrequenz der Biegung zu

$$(5.9.31): \quad \omega = \sqrt{\frac{c_L + c_R}{m}} = \sqrt{\frac{395840674{,}35}{31566{,}73} \frac{1}{\sec^2}} = 111{,}981 \frac{1}{\sec}.$$

Somit erhält man die maximale Durchbiegung durch Einsetzen

$$(5.9.32): \quad x_{ges} = -\frac{1000N}{31566{,}7\text{kg}(-50^2 + 111{,}981^2)\dfrac{1}{\sec^2}} \ast$$

$$\ast (\cos(111{,}981\frac{1}{\sec}t) + \cos(50\frac{1}{\sec}t))$$

$$= 4{,}2083\,10^{-06}\,\text{m}.$$

Momenten- und Querkraft-Verläufe

a)

b)

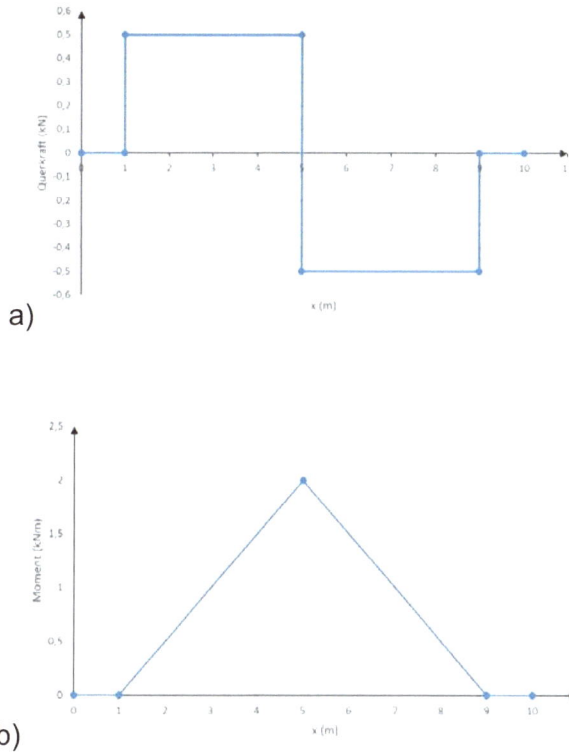

Bild 5.9.6: a) Querkraftverlauf; b) Momentenverlauf

Berechnung mit EXCEL

Im zweiten Schritt wird die analytische Berechnung in EXCEL übertragen, um die Richtigkeit der Handrechnung zu überprüfen.

Der Vorteil bei der Ermittlung der Werte mittels EXCEL ist, dass die
Werte durch Formeln verknüpft sind und sich so Variationen darstel-
len lassen. Somit werden bei jeder Veränderung alle Zwischen- und
Endergebnisse automatisch angepasst.

Im Weiteren wird der Aufbau der EXCEL-Datei näher erläutert und die
Vorgehensweise detailliert beschrieben. Anschließend werden die Ergebnisse der dynamischen Berechnungen grafisch in Diagrammen
dargestellt.

EXCEL-Parameter			
Lagerabstand	l1	8,0	m
Länge der Welle	lges	10,0	m
Durchmesser der Welle	d	0,8	m
Abstand der Belastung vom linken Wellenende	x	5,0	m
Startwert	x_0	0,0	m
Belastung	F	1000000,0	mN
Torsionsmoment	M_T	1000,0	Nm
Erregerfrequenz	Ω	50	1/sec
Dichte der Welle	rho	7850,0	kg/m³
E-Modul der Welle	E	2,1E+11	N/m²
Schubmodul der Welle	G	7,00E+10	N/m²

Nach der Festlegung der gegebenen Parameter werden zunächst, wie bereits in der analytischen Berechnung, die notwendigen Größen zur weiteren Berechnung ermittelt Dazu werden die oben ermittelten Formeln verwendet.

Die nachfolgenden Tabellen enthalten die Ergebnisse. Dabei werden wichtige Zwischenergebnisse in eigenen Tabellen festgehalten, um die Werte einfacher vergleichen zu können und Übersichtlichkeit zu schaffen.

Berechnung der notwendigen Größen

Abstand von F zu A	x_1	4,00	m
Flächeninhalt des Wellenquerschnitts	A	0,5026548	m^2
Volumen der Welle	V	4,0212386	m^3
Masse der Welle	m	1.566,7229833	kg
Massenträgheitsmoment	I	0,0201062	m4
Flächenträgheitsmoment des Wellenquerschnitts	I_T	0,0402124	m4
Trägheitsmoment	Θ	5.050,6756773	$kg*m^2$

Berechnung der Lagerkräfte

horizontale Belastung auf Lager A	A_x	0	mN
vertikale Belastung auf Lager B	B_y	500000,0	mN
vertikale Belastung auf Lager A	A_y	500000,0	mN

Berechnung der potentiellen Energie im System			
potentielle Energie	P	1263,1345	mNm

Ergebnisse			
maximale Absenkung der Welle	f	0,00252627	mm
Ersatzsteifigkeit der Biegung	c_B	395840674,352	N/m
Ersatzsteifigkeit der Torsion	c_T	281486701,761	Nm
Verdrehung der Welle (in Bogenmaß)	phi_{rad}	0,00000284	rad
Verdrehung der Welle (in Grad)	phi_{grd}	0,00016284	°
Eigenkreisfrequenz der Biegung	$omega_B$	111,9812885	1/sec
Eigenkreisfrequenz der Torsion	$omega_T$	236,077	1/sec
Frequenz Biegung	f_B	17,822	
Frequenz Torsion	f_T	37,573	

Ein weiterer Vorteil von EXCEL ist, dass die Berechnung von zeitlich veränderlichen Größen für die dynamische Berechnung durchgeführt werden kann.

Hier ist nicht nur das Endergebnis ersichtlich, sondern auch weitere Werte der Durchbiegung und Kraft zu Zwischenzeitpunkten innerhalb eines Intervalls von null bis sechs Sekunden mit einer Schrittweite von 0,00025 Sekunden.

Die Tabelle: Dynamische Berechnung ist ein Auszug der Schrittweiten.

Da es nicht möglich ist, alle Zwischenwerte darzustellen, sind nur einige Werte vom Anfang und Ende des Intervalls in dieser Ausarbeitung abgebildet. Die Maximalwerte der Durchbiegung und der Kraft sind zusätzlich dargestellt. Die nachfolgenden Abbildungen zeigen die graphischen Ergebnisse der dynamischen Berechnungen.

Bei x(t) ist die Differentialgleichung (5.9.17) berechnet worden. Die zeitabhängige Kraft F(t) ist die aufgebrachte Kraft multipliziert mit $\cos(\Omega t)$.

Dynamische Berechnung				
t	x(t)	x_{max}	F(t)	F_{max}
0	0	0,00421178	0	1000000
0,00025	6,608E-07		12499,6745	
0,0005	2,6426E-06		24997,3959	
0,00075	5,9435E-06		37491,2116	

...	...	...
5,99925	-0,00197688	-998224,54
5,9995	-0,00197798	-998891,075
5,99975	-0,00197759	-999401,534
6	-0,0019757	-999755,84

a)

b)

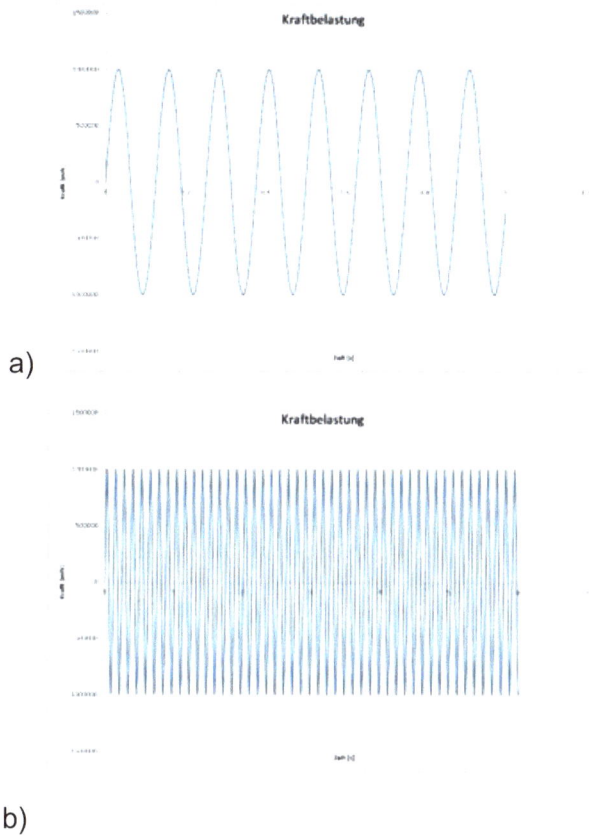

Bild 5.9.7: a) Kraftbelastung - Intervall: eine Sekunde; b) Kraftbelastung
- Intervall: sechs Sekunden

Bild 5.9.7a zeigt die Belastung durch die dynamisch wirkende Kraft für
ein Intervall von einer Sekunde.

Diese Ergebnisse werden später für einen Direktvergleich mit den
MATLAB Ergebnissen wieder aufgegriffen.

In Bild 5.9.7b ist ein Belastungsverhalten über einen Zeitraum von
sechs Sekunden zu sehen. Diese zeigt, dass die Kraft auch über einen längeren Zeitraum periodisch ist und konstant bleibt.

a)

b)

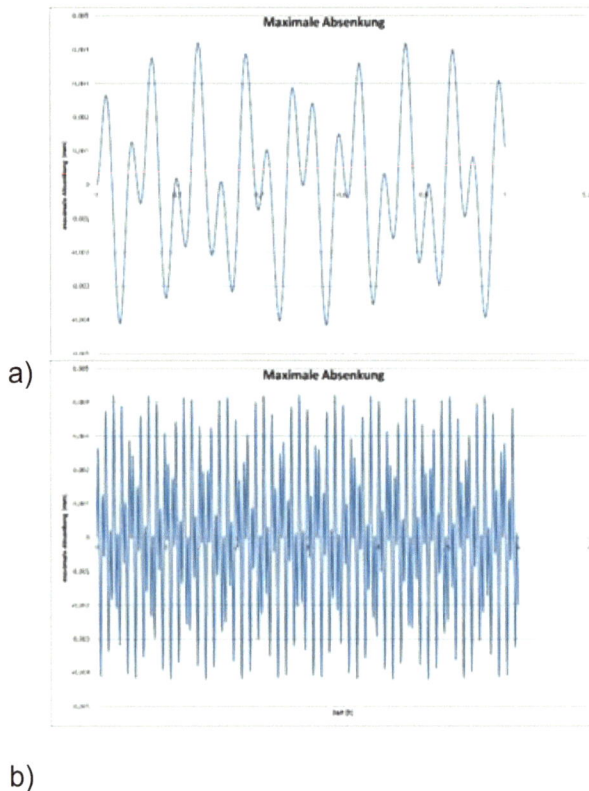

Bild 5.9.8: a) Maximale Absenkung - Intervall: eine Sekunde; b) Maximale Absenkung - Intervall: sechs Sekunden

Das Verhalten der Absenkung wird über dieselben Zeiten in Bild 5.9.8 dargestellt.

Bild 5.9.7a zeigt in feiner Auflösung das Ergebnis der Absenkung. In Bild 5.9.7b sich um die periodische Schwingung des Systems.

Berechnung mit MATLAB

Neben der analytischen und der EXCEL-gestützten Berechnungen erfolgte zudem eine Analyse mit Hilfe der MATLAB-Software. Der Code, welcher zur Berechnung eingesetzt wurde, wird hier als Ausgabe der publish-Funktion dargestellt.

Hauptcode

Als erstes werden einige vorbereitende Befehle ausgeführt, die den Arbeitsbereich in MATLAB reinigen und alle noch geöffneten Darstellungen und Diagramme schließen.

Zudem werden globale Variablen genannt. In diesem Fall bedeutet „global", dass sie über den Hauptcode hinaus in Unterprogrammen verwendet werden können, obwohl sie nur hier deklariert werden.

```
close all;
clear;
clc;

global omega_F_err c_T c_B m;
```

Bild 5.9.9: Allgemeine und vorbereitende Befehle

Nach den ersten allgemeinen Befehlen folgt die Deklaration von den, aus den vorherigen Berechnungen bereits bekannten Parametern, die das System beschreiben. Dies sind zum einen Parameter, die die Geometrie und das Material des Systems widerspiegeln, zum anderen Parameter, die die Simulation betreffen.

Systemparameter

```
l_1=8;            %[m]     Lagerabstand
l_ges=10;         %[m]     Länge der Welle
d=0.8;            %[m]     Durchmesser der Welle
s=5;              %[m]     Abstand der Belastung vom linken Wellenende
x_dot0_start=0;   %[m]     Anfangsauslenkung zum Zeitpunkt t=0
x_dot1_start=0;   %[m/s]   Anfangsgeschwindigkeit der Auslenkung zum Zeitpunkt t=0
omega_F_err=50;   %[1/sek] Erregerfrequenz der Kraftbelastung
```

Simulationsparameter

```
tEnd=6;   %[s] Simulationsdauer
h=1e-4;   %[s] Solver-Schrittweite
```

Wellenparameter (Materialeigenschaften)

```
rho=7850;    %[kg/m³] Dichte der Welle
E=2.1*1e11;  %[N/m²]  E-Modul der Welle
G=7*1e10;    %[N/m²]  Schubmodul der Welle
```

Bild 5.9.10: Deklaration der Systemparameter

Anschließend folgen die ersten Berechnungen, die später für die Analyse der Wellenverformung benötigt werden. Hierbei werden Gleichungen verwendet, die die zuvor deklarierten Parameter enthalten. Die Belastung der Welle wird dabei als KraftFunktion bezeichnet und wird separat in einer eigenen „function-Datei" deklariert.

Berechnungen

```
x_1=s-(l_ges-l_1)/2;        %[m]    Abstand der Belastung zum Lager A
A=pi*(d/2)^2;               %[m²]   Flächeninhalt des Wellenquerschnitts
V=l_1*A;                    %[m³]   Volumen der Welle
m=rho*V;                    %[kg]   Masse der Welle
theta=m*d^2/4;              %[kg*m²] Massenträgheitsmoment
I=pi*((d/2)^4)/4;           %[m^4]  Flächenträgheitsmomenteiner des Wellenquerschnitts
I_T=2*I;                    %[m^4]  Torsionsträgheitsmoment
```

Lagerkräfte

```
A_x=0;                              %[kN]  horizontale Belastung auf Lager A (keine axiale Belastung im System)
B_y=@(t) Kraft(t)*x_1/l_1;          %[kN]  vertikale Belastung auf Lager B zur Zeit t
A_y=@(t) Kraft(t)-B_y(t);           %[kN]  vertikale Belastung auf Lager A zur Zeit t
```

Ergebnisse

```
f=@(t) P(t)*2/Kraft(t);                         %[mm]    maximale statische Absenkung der Welle zur Zeit t
f_stat_max=f(0.5*pi/omega_F_err);               %[mm]    maximale statische Absenkung der Welle im Intervall
c_B_1=3*E*I/x_1^3;                              %[N/m]   Ersatzsteifigkeit der Biegung links der Belastung
c_B_2=3*E*I/(l_1-x_1)^3;                        %[N/m]   Ersatzsteifigkeit der Biegung rechts der Belastung
c_B=c_B_1+c_B_2;                                %[N/m]   Gesamtersatzsteifigkeit der Biegung
c_T=G*I_T/l_ges;                                %[Nm]    Ersatzsteifigkeit der Torsion
phi_rad=@(t) Drehmoment(t)*l_ges/(G*I_T);       %[rad]   maximale statische Verdrehung der Welle in Bogenmaß zur Zeit t
phi_grd=@(t) phi_rad(t)*180/pi;                 %[°]     maximale statische Verdrehung der Welle in Grad zur Zeit t
omega_B=sqrt(c_B/m);                            %[1/sek] Eigenkreisfrequenz der Biegung
omega_T=sqrt(c_T/theta);                        %[1/sek] Eigenkreisfrequenz der Torsion
```

Bild 5.9.11: Berechnung diverser Größen

Somit folgt der Aufruf des Solvers ode45, welcher die Differentialgleichung (5.9.17) löst. Diese bekommt er in einer eigenen „function-Datei" übergeben, welche im Folgenden noch näher beschrieben wird.

Der Solver ode45 löst die Differentialgleichung numerisch mit Hilfe des RUNGE-KUTTA-Verfahrens.

Darüber hinaus wird aus der ermittelten Lösung noch der Maximalwert bestimmt. Mit den hier dargestellten Werten der Berechnungsparameter beträgt dieser Maximalwert 0,0046 mm.

Lösen der Differentialgleichungen

```
t=0:h:tEnd;                                                 %[s]            Vekt
[Tx,x]=ode45('DGL_Absenkung',t,[x_dot0_start;x_dot1_start]); %[s],[mm;mm/s] Solv
x_max=max(x(:,1));                                          %[mm]           maxi
```

Bild 5.9.12: Solveraufruf zur numerischen Lösung der Schwingungsdifferentialgleichung

Abschließend werden die zuvor durch den Solver ermittelten Lösungen noch in Diagrammen dargestellt. Die dort enthaltenen Beschriftungen, sowie die Diagramme an sich, werden mit dem in Bild 5.9.13 zu sehendem MATLAB-Code erzeugt.

```
Visualisierung
ss=get(0,'screensize');
configX=figure(1);
set(configX,'MenuBar','none');
set(configX,'Name','maximale Absenkung der Welle in Folge einer Belastung durch eine Kraft');
set(configX,'Position',[0.5*ss(3)-850 0.5*(ss(4)-800) 800 800]);
subplot(2,1,1);
plot(Tx,x(:,1),'b');
xlabel('Zeit [s]');
ylabel('maximale Absenkung [mm]');
title('Maximale Absenkung');
subplot(2,1,2);
plot(Tx,Kraft(Tx),'b');
xlabel('Zeit [s]');
ylabel('Kraft [mN]');
title('Kraftbelastung');

configX2=figure(2);
set(configX2,'MenuBar','none');
set(configX2,'Name','maximale Absenkung der Welle in Folge einer Belastung durch eine Kraft');
set(configX2,'Position',[0.5*ss(3)+50 0.5*(ss(4)-800) 800 800]);
subplot(2,1,1);
plot(Tx(1:(1/h+1)),x(1:(1/h+1),1),'b');
xlabel('Zeit [s]');
ylabel('maximale Absenkung [mm]');
title('Maximale Absenkung');
subplot(2,1,2);
plot(Tx(1:(1/h+1)),Kraft(Tx(1:(1/h+1))),'b');
xlabel('Zeit [s]');
ylabel('Kraft [mN]');
title('Kraftbelastung');
```

Bild 5.9.13: MATLAB-Code zur Visualisierung der Solverergebnisse

Kraftfunktion

Wie bereits zuvor erwähnt, wird die Belastung der Welle in einer separaten functionDatei deklariert. Diese enthält die Festlegung der Amplitude, sowie die Beschreibung als sinusförmig (Bild 5.9.14).

Kraftfunktion

```
function [F] = Kraft(t)


% function zur Erstellung der veränderlichen Belastung durch eine Kraft.
% Die Belastung wird als sinusförmig angenommen und besitzt
% daher eine Erregerfrequenz und eine Amplitude als Parameter.

% Zur Berechnung der Belastung muss ein Zeitpunkt t übergeben werden.
```

Parameter

```
global omega_F_err;
F_0=1000000;              %[mN]     Amplitude der Belastung
```

Belastungsberechnung

```
F=F_0*sin(omega_F_err*t); %[mN]     Berechnung der Belastung
```

Bild 5.9.14: Deklaration der Belastung

Wird im Hauptcode die momentane Belastung der Welle zu einem bestimmten Zeitpunkt benötigt, so wird dieser Zeitpunkt an die Funktion übergeben, in die Belastungsberechnung eingesetzt und der so ermittelte Wert der Belastung an den Hauptcode zurückgegeben.

Differentialgleichung

Die Verformungsdifferentialgleichung, die dem Solver ode45 übergeben wird, ist eine Differentialgleichung zweiter Ordnung. Zur Anwendung des im Solver verwendeten RUNGE-KUTTA-Verfahrens muss diese noch in ein System von 2 Differentialgleichungen erster Ordnung zerlegt werden.

Mit

$$(5.9.17): \quad \ddot{x} + \omega^2 x = \frac{F_0}{m} \cos(\Omega t).$$

und der vektoriellen Zusammenfassung der Verformung x und dessen ersten zeitlichen Ableitung folgt

$$(5.9.33): \quad \vec{x} = \begin{pmatrix} x \\ \dot{x} \end{pmatrix}.$$

Daraus folgt die zeitliche Ableitung von (5.9.33)

$$(5.9.34): \quad \frac{d\vec{x}}{dt} = v = \begin{pmatrix} \dot{x} \\ \ddot{x} \end{pmatrix}.$$

Wird nun die Gleichung (5.9.17) nach $\ddot{x}$ umgestellt und in Gleichung (5.9.34) ersetzt, so erhält man das benötigte Differentialgleichungssystem

$$(5.9.35): \quad v = \begin{pmatrix} v_1 \\ v_2 \end{pmatrix} = \begin{pmatrix} \dot{x} \\ -\dfrac{c_B}{m}x + \dfrac{F}{m} \end{pmatrix}.$$

Absenkungsifferentialgleichung

```
function [ dx ] = DGL_Absenkung( t,x )

% function der Differentialgleichung der Absenkung durch eine Kraft.

global c_B m;
```

Zerlegung der DGL 2.Ordnung in ein System mit 2 DGLs 1.Ordnung

```
v1=x(2);
v2=-c_B/m * x(1)+Kraft(t)/m;
dx=[v1;v2];
```

Bild 5.9.15: Deklaration des Differentialgleichungssystems

Ausgabeplots

Mit dem MATLAB-Code zur Visualisierung werden die folgenden Diagramme erzeugt.

$$(5.9.35): \quad v = \begin{pmatrix} v_1 \\ v_2 \end{pmatrix} = \begin{pmatrix} \dot{x} \\ -\dfrac{c_B}{m}x + \dfrac{F}{m} \end{pmatrix}.$$

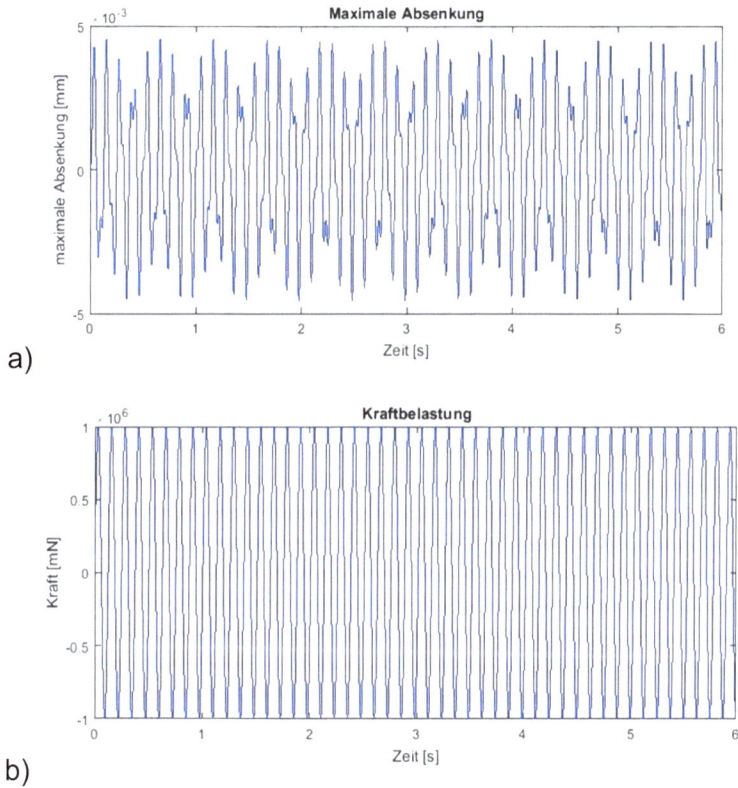

a)

b)

Bild 5.9.16: a) Maximale Auslenkung und b) Kraftbelastung - Intervall: sechs Sekunden

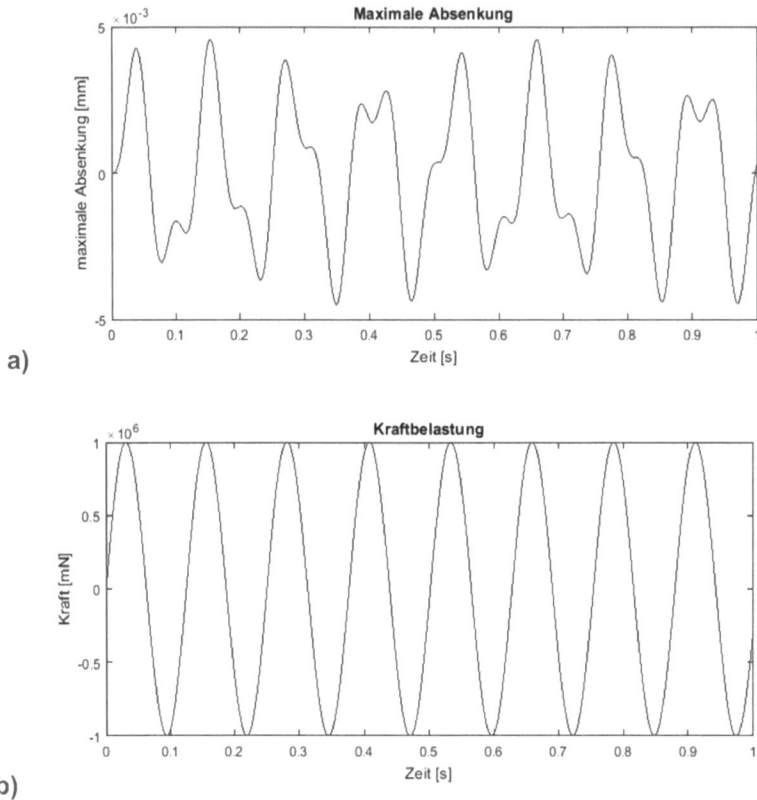

Bild 5.9.17: a) Maximale Auslenkung und b) Kraftbelastung - Intervall: eine Sekunde

Gegenüberstellung EXCEL–MATLAB

Zur Verifizierung der ermittelten Werte werden die Kurvenverläufe in Bezug auf die Kraftbelastung und maximale Absenkung miteinander verglichen. Für eine bessere Übersicht werden die Werte in einem Zeitintervall von einer Sekunde dargestellt. Dies ermöglicht die beste Einsicht des Schwingungsverlaufs.

Die Kraftbelastung weist nach der dynamischen Berechnung in beiden Fällen eine maximale Kraft von 1000N auf, die auch der statischen Analyse entspricht. Somit entsteht ein relativer Fehler von 0%.

Die Betrachtung der dynamischen Berechnung im Hinblick auf die maximale Absenkung ergibt eine minimale Differenz zwischen den EXCEL- und MATLAB-Ergebnissen.

EXCEL $\quad\quad\quad\quad\quad x_{1,max} = 0,004211$ mm,

MATLAB $\quad\quad\quad\quad x_{2,max} = 0,004600$ mm.

Mit diesen Werten wird die prozentuale Abweichung berechnet

$$(5.9.36): \quad \frac{x_{2,max} - x_{1,max}}{x_{2,max}} \cdot 100 = 8,46\,\%.$$

Da das Ergebnis in EXCEL mit einer Schrittweite des Zeitintervalls von 0,00025 Sekunden berechnet wird und für das iterative Verfahren in MATLAB eine Schrittweite automatisch erzeugt wird, kann es zu geringen Abweichungen kommen.

In den folgenden Graphen ist zu erkennen, dass die Belastungen in den verschiedenen Rechenmethoden im selben Zeitintervall einwirken. Die Kurven der Belastungen sind deckungsgleich.

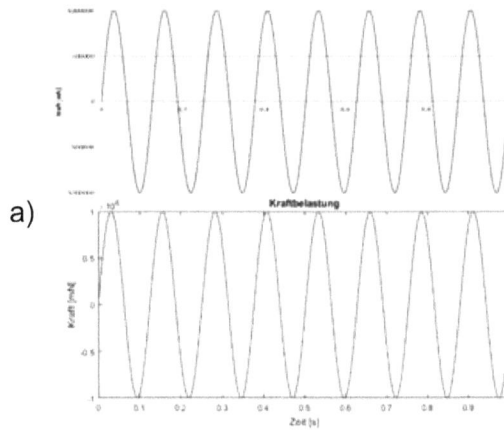

a)

b)

Bild 5.9.18: a) Vergleich EXCEL Krafteinleitung; b) Vergleich MATLAB
Krafteinleitung

Aufgrund der unterschiedlichen Näherungsmethoden unterscheiden
sich die Kurvenverläufe auf den ersten Blick voneinander. Das liegt
bei einer Betrachtung des Zeitintervalls von einer Sekunde an dem
Einschwingvorgang, den MATLAB braucht, um sich dem tatsächli-
chen Schwingungsverhalten zu nähern.

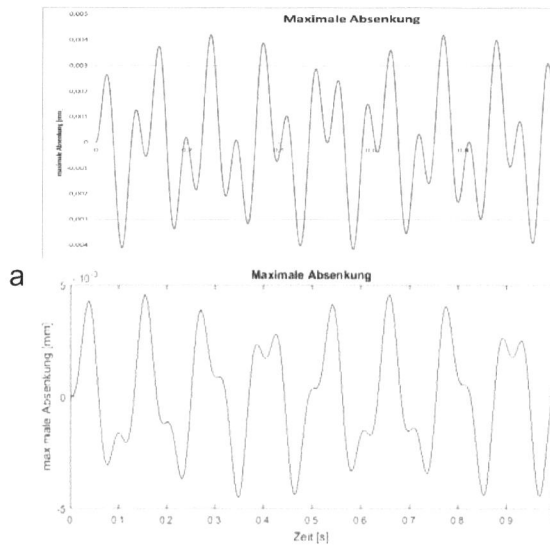

a

b)

Bild 5.9.19: a) Vergleich EXCEL Absenkung; b) Vergleich MATLAB Absenkung

Wird dagegen die Schwingung in einem Intervall von sechs Sekunden betrachtet, ist zu erkennen, dass sich die MATLAB Lösung der EXCEL Lösung annähert.

a)

b)

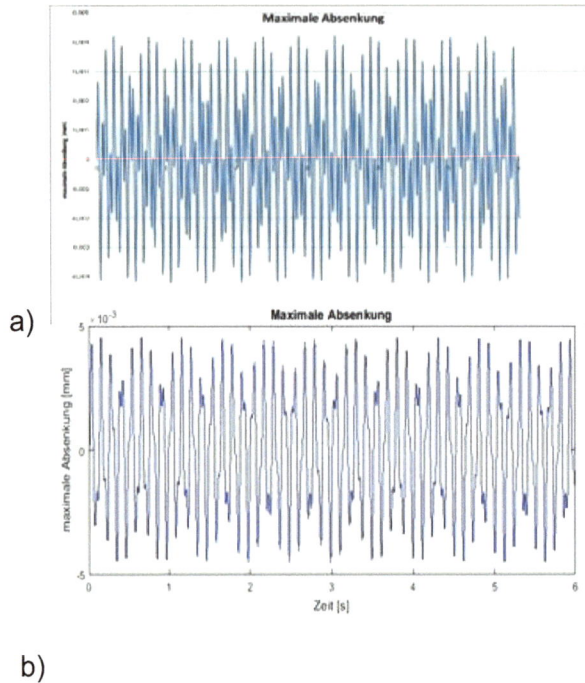

a) Bild 5.9.20: a) Vergleich größeres Intervall; b) Vergleich MATLAB
größeres Intervall

Finite-Elemente-Methode Berechnung mittels Siemens NX10

Mit Hilfe der Finite-Elemente-Methode können physikalische Vorgänge simuliert werden. Das in dieser Arbeit verwendete CAE (Computer Aided Engineering)-Programm ist Siemens NX10 und arbeitet mit dem NASTRAN-Solver.

Die Analyse dient zur Kontrolle der bisher errechneten Ergebnisse und stellt zusätzlich das Verhalten der Welle realitätsnah dar.

Zunächst wird ein 3D-Modell der zu berechnenden Welle erstellt. Dieses entsteht durch das Extrudieren eines Kreises mit der angegebenen Länge l_{ges}. Damit im späteren Verlauf der Modellerstellung die einwirkende Kraft, das Torsionsmoment und die Lager angebracht werden können, wird die Welle an den entsprechenden Positionen geschnitten, so dass vier Elemente entstehen, die anschließend wieder zu verbinden sind. Außerdem wird den einzelnen Elementen das der Aufgabe entsprechende Material zugewiesen und ein Hexaeder-3D-Netz erstellt.

Im nächsten Schritt werden die Zwangsbedingungen für die Lagerstellen und die Lasttypen festgelegt. Zur Erstellung des Festlagers A ist eine Fixierung der Freiheitsgrade X, Y und Z notwendig. Das Loslager B wird in diesem Modell an der X- und Z-Achse fixiert. Die einwirkende Kraft von 1000N wird an der Schnittfläche mittig der Welle entlang der nach unten gerichteten Z-Achse angebracht und ausgerichtet.

Die folgenden Abbildungen stellen die statische Analyse dar.

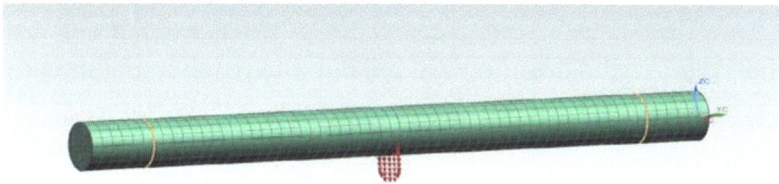

Bild 5.9.21: Vernetzte Welle in NX mit Kraft

Anschließend wird die Berechnung der FEM-Analyse durchgeführt werden und die entstandene Verschiebung kann mit den bisherigen Ergebnissen verglichen werden.

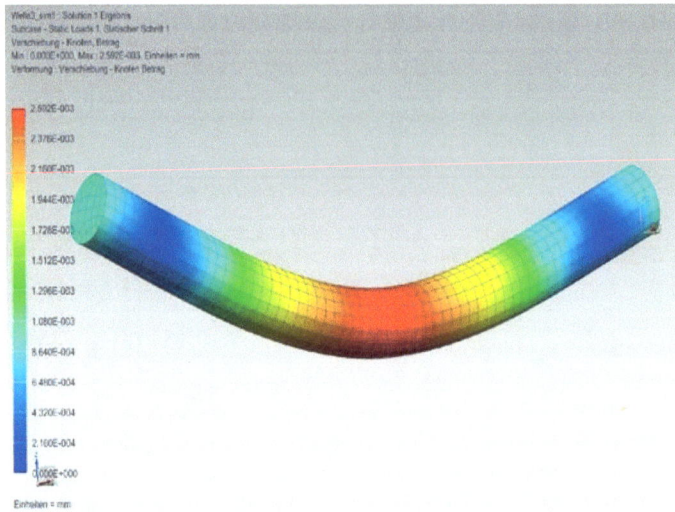

Bild 5.9.22: Verschiebung der Welle in NX

Mit der FEM-Berechnung sind für die Durchbiegung fast genau die gleichen Werte erzielt worden wie bei der analytischen und rechner-gestützten Methode. Die maximale Verschiebung des 3D-Modells beträgt 2,592*10-3 mm.

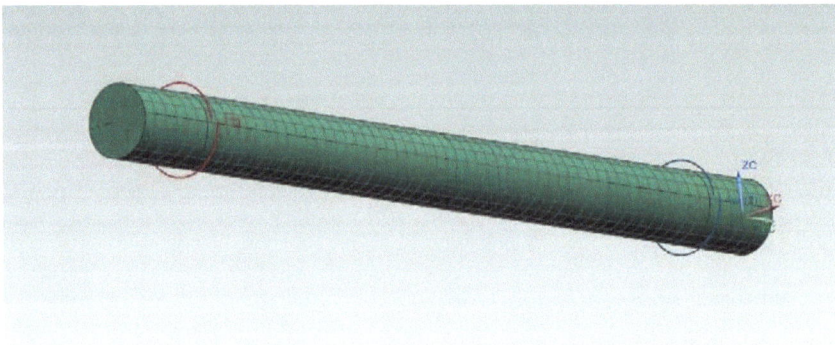

Bild 5.9.23: Vernetzte Welle in NX mit Torsion

Das vorher erläuterte Wellenmodell wurde nun mit der Torsion belastet, um eine Verdrehung zwischen den Lagerstellen zu erhalten. Die

Lager wurden entsprechend der Verdrehung für dieses System angepasst.

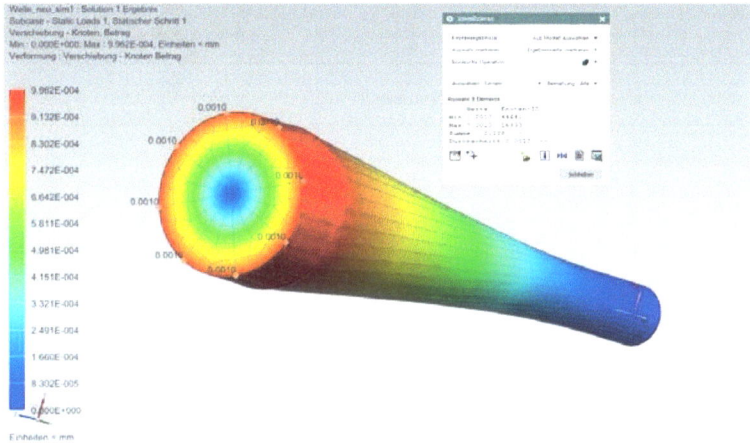

Bild 5.9.24: Verdrehung der Welle in NX

Die berechneten Werte hinsichtlich der Verdrehung liegen ebenfalls
sehr nah an der analytischen und rechnergestützten Methode. Wir erhalten eine maximale Verdrehung am Ende der Welle im Randbereich
von 0,001mm am rot eingefärbten Bereich (Bild 5.9.24).

Zur Umrechnung der Verdrehung im Bogenmaß wird eine Verdrehung.

$$(5.9.37): \quad \vartheta = \frac{\text{Verdrehung im Randbereich}}{\text{Radius}} = \frac{0,001\,\text{mm}}{400\,\text{mm}}$$
$$= 2,5\,10^{-06}\,\text{rad}$$

erzielt.

Auch diese Ergebnisse stimmen mit den Ergebnissen der analytischen Berechnung überein.

Hier können Sie eine kostenlose Strategie-Session buchen oder schreiben Sie mir, wenn Ihnen dieses Buch gefällt und Sie Anregungen oder Fragen haben.

Hier kommen Sie zum kostenlosen Bonusmaterial zum Buch.

Besuchen Sie auch meinen Blog „Selbstführung & Produktivität". Ich helfe Ihnen, bessere Ergebnisse zu erzielen.

ANLEITUNGEN

ZWEI-PUNKTE-FORMEL

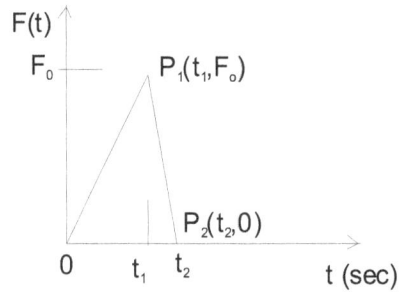

Funktion zwischen P_1 und P_2

Zwei-Punkte-Formel für die Verbindung zwischen $P_1(x_1, y_1)$ und $P_2(x_2, y_2)$

$$\frac{y - y_1}{x - x_1} = \frac{y_2 - y_1}{x_2 - x_1}.$$

Für das Beispiel

$$\frac{F(t) - F_0}{t - t_1} = \frac{0 - F_0}{t_2 - t_1} \qquad .$$

$$\Rightarrow F(t) = \frac{-F_0}{t_2 - t_1}(t - t_1) + F_0 \quad .$$

Auf den Hauptnenner gebracht und entwickelt

$$F(t) = \frac{-F_0(t - t_1)}{t_2 - t_1} + \frac{F_0(t_2 - t_1)}{t_2 - t_1} = \frac{-F_0 t}{t_2 - t_1} + \frac{F_0 t_2}{t_2 - t_1} = \frac{F_0}{t_2 - t_1}(t_2 - t).$$

DETERMINATEN-BERECHNUNG FÜR GLEICHUNGSSYSTEME

Determinanten-Berechnung zur Bestimmung der Konstanten.

$$
\begin{array}{ccc}
A_3 & B_3 & \| \quad \text{rechte Seite} \\
\hline
a_{11} & a_{12} & \| \quad r_1 \\
\\
a_{21} & a_{22} & \| \quad r_2
\end{array}
$$

$$A_3 = \frac{\begin{vmatrix} r_{11} & a_{11} \\ r_2 & a_{22} \end{vmatrix}}{\begin{vmatrix} a_{11} & a_{12} \\ a_{21} & a_{22} \end{vmatrix}} = \frac{r_1 a_{22} - r_2 a_{12}}{a_{11} a_{22} - a_{12} a_{21}},$$

$$B_3 = \frac{\begin{vmatrix} a_{11} & r_1 \\ a_{21} & r_2 \end{vmatrix}}{\begin{vmatrix} a_{11} & a_{12} \\ a_{21} & a_{22} \end{vmatrix}} = \frac{-r_1 a_{12} + r_2 a_{11}}{a_{11} a_{22} - a_{12} a_{21}}.$$

ELIMINATIONSMETHODE FÜR GLEICHUNGSSYSTEME

Eliminationsmethode für Gleichungssysteme

$$a_{11}A_3 + a_{22}B_3 = r_1$$
$$a_{21}A_3 + a_{22}B_3 = r_2$$

Erweitern der Gleichungen, so dass eine Unbekannte durch Addition entfällt.

$$a_{11}a_{21}A_3 \quad + a_{21}a_{22}B_3 = a_{21}r_1 \qquad |* a_{21}$$
$$- a_{11}a_{21}A_3 - a_{11}a_{22}B_3 = -a_{11}r_2 \qquad |* a_{11}| \; * (-1)$$

$$(a_{21}a_{22} - a_{11}a_{22})B_3 = a_{21}r_1 - a_{11}r_2$$
$$\Rightarrow B_3 = \frac{a_{21}r_1 - a_{11}r_2}{(a_{21}a_{22} - a_{11}a_{22})}$$

A_3 ergibt sich durch Einsetzen in einer der beiden Gleichungen.

FEEDBACK

Danke für eine positive Bewertung

Wenn Ihnen das Buch gefallen hat, schicken Sie mir bitte eine positive Bewertung bei Amazon Kindle.

Anmerkungen, Fragen oder Kritik

Hier können Sie mir Ihre Anmerkungen, Fragen oder Kritik zum Buch „Numerische Dynamik Übungen" schicken.

Im Google-Formular können Sie mir direkt schreiben und eine Strategie-Session können sie hier buchen.

Sachwörterverzeichnis

LISTE DER WARENZEICHEN

I – DEAS ist ein Produkt der SDRC, Milford, Ohio,USA.

TPS10 ist ein Produkt der TSE -GmbH, Reutlingen

MARC ist ein Produkt der MSC.Software GmbH, München.

MATLAB ist ein Produkt der MathWorks, Natick, Massachusetts, USA.

NX ist ein Produkt der Siemens PLM Software, München.

CATIA ist ein Produkt der CCE Systems Engineering GmbH & Co. KG, Osnabrück.

EXCEL ist ein Produkt der Microsoft Corporation, USA.

ANHANG: LISTE DER LINKS

Kostenlose Strategie-Session http://bit.ly/2FBysxb

Kontakt https://www.kisp.de/kontakt

Blog „Selbstführung & Produktivität" https://www.kisp.de/blog

Google-Formular https://forms.gle/h9sPmVFmHt596Eaj7

Hier kommen Sie zum kostenlosen Bonusmaterial zum Buch.

ÜBER DIE AUTORIN

Prof. Dr. Annette Kunow lehrte nach mehrjähriger Industrietätigkeit 32 Jahre an der Hochschule Bochum im Fachbereich Mechatronik und Maschinenbau.

Sie bietet u. a. Seminare und Vorlesungen zur Numerischen Dynamik, Höheren Mechanik und CAE an.
Zudem ist sie Gründerin und Geschäftsführerin der Firma KISP Prof. Kunow + Partner GbR.

Annette Kunow ist Autorin mehrerer Bücher.

Technische Mechanik Statik

Die Technische Mechanik ist eine Kernkompetenz eines jeden Ingenieurs. Ohne diese Kenntnisse können die physikalischen Eigenschaften von Systemen nicht erfasst werden.

Was Sie in diesem Buch lernen werden

- o Mathematische Grundlagen
- o Arbeitsbegriff der Statik
- o Gleichgewicht
- o Schnitt- und Reaktionskräfte
- o Haftung und Reibung
- o Raumstatik

Technische Mechanik Statik Übungen

Die Technische Mechanik ist eine Kernkompetenz eines jeden Ingenieurs. Ohne diese Kenntnisse können die physikalischen Eigenschaften von Systemen nicht erfasst werden.

Vollständig und mit möglichen Lösungsvarianten gelöste Übungsaufgaben

Was Sie in diesem Buch lernen werden

- Mathematische Grundlagen

- Arbeitsbegriff der Statik

- Gleichgewicht

- Schnitt- und Reaktionskräfte

- Haftung und Reibung

- Raumstatik

Technische Mechanik Elastostatik

Die Technische Mechanik ist eine Kernkompetenz eines jeden Ingenieurs. Ohne diese Kenntnisse können die physikalischen Eigenschaften von Systemen nicht erfasst werden.

Was Sie in diesem Buch lernen werden

- Deformationen
- Elastizitätsgesetz
- Spannungen
- Spannungszustände
- Statische Bestimmtheit
- Arbeitsbegriff der Elastostatik

Technische Mechanik Elastostatik Übungen

Die Technische Mechanik ist eine Kernkompetenz eines jeden Ingenieurs. Ohne diese Kenntnisse können die physikalischen Eigenschaften von Systemen nicht erfasst werden.

Vollständig und mit möglichen Lösungsvarianten gelöste Übungsaufgaben

Was Sie in diesem Buch lernen werden

- Deformationen
- Elastizitätsgesetz
- Spannungen
- Spannungszustände
- Statische Bestimmtheit
- Arbeitsbegriff der Elastostatik

Technische Mechanik Dynamik

Die Technische Mechanik ist eine Kernkompetenz eines jeden Ingenieurs. Ohne diese Kenntnisse können die physikalischen Eigenschaften von Systemen nicht erfasst werden.

Was Sie in diesem Buch lernen werden

- o Kinematik
- o Kinetik des Massenpunktes
- o Kinetik des Massenpunktsystems
- o Kinetik des Starrkörpers
- o Ebene Bewegung
- o Schwingungen

Technische Mechanik Dynamik Übungen

Die Technische Mechanik ist eine Kernkompetenz eines jeden Ingenieurs. Ohne diese Kenntnisse können die physikalischen Eigenschaften von Systemen nicht erfasst werden.

Vollständig und mit möglichen Lösungsvarianten gelöste Übungsaufgaben

Was Sie in diesem Buch lernen werden

- Kinematik

- Kinetik des Massenpunktes

- Kinetik des Massenpunktsystems

- Kinetik des Starrkörpers

- Ebene Bewegung

- Schwingungen

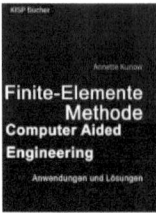

Finite-Elemente-Methode (CAE)

Anwendungen und Lösungen

Die Finite-Elemente-Methode (CAE) ist heute in den Konstruktions-
und Entwicklungsbereichen der Industrie nicht mehr wegzudenken.
Die heute übliche automatische Vernetzung kann ohne das Grund-
lagenwissen zu gravierenden Fehlern füh

ren.

Was Sie in diesem Buch lernen werden

- Grundbegriffe und Gesamtsteifigkeit

- Flächen- und Volumenelemente

- Vernetzungsregeln

- Versuche

- Dynamische Berechnungen

- Nichtlinearität

Numerische Dynamik

Grundlagen-Modellbildung-Anwendungen

Die Numerische Dynamik ist ein bedeutender Bestandteil im Engineering. Sie vermittelt die physikalischen Zusammenhänge, um Konstruktionen unter bewegten Belastungen zu dimensionieren.

Was Sie in diesem Buch lernen werden

- Grundbegriffe
- Einmassensystem
- Zweimassensystem
- Mehrmassensystem oder Kontinuum
- Numerische Lösung der NEWTON-EULER-Gleichung
- Berechnungsbeispiele

Numerische Dynamik Übungen

Grundlagen-Modellbildung-Anwendungen

Die Numerische Dynamik ist ein bedeutender Bestandteil im Engineering. Sie vermittelt die physikalischen Zusammenhänge, um Konstruktionen unter bewegten Belastungen zu dimensionieren.

Übungen mit vollständigen Lösungen.

Was Sie in diesem Buch lernen werden

- o   Einmassensystem

- o   Zweimassensystem

- o   Mehrmassensystem oder Kontinuum

www.ingramcontent.com/pod-product-compliance
Lightning Source LLC
Chambersburg PA
CBHW041933220326
41598CB00058BA/791